Lecture Notes in Operations Research and Mathematical Systems

Economics, Computer Science, Information and Control

Edited by M. Beckmann, Providence and H. P. Künzi, Zürich

58

Paul B. Hagelschuer

Universität Regensburg, Fachbereich Wirtschafts-wissenschaft

Theorie der linearen Dekomposition

Springer-Verlag

Berlin · Heidelberg · New York 1971

AMS Subject Classifications (1970): 90 C 05

ISBN-13:978-3-540-05667-6 e-ISBN-13:978-3-642-80663-6
DOI: 10.1007/978-3-642-80663-6

VORWORT

Das zentrale Interesse heutiger Forschung auf dem Gebiet der mathematischen Programmierung gilt speziellen Fragen der linearen Programmierung sowie allgemeinen Problemen der nichtlinearen Programmierung. Unter den speziellen Fragen der linearen Programmierung ist der mit dem Stichwort Dekomposition verbundene Komplex aus verschiedenen Gründen von besonderer Bedeutung und Aktualität: Einerseits, weil die praktische Anwendung von linearen Programmen häufig zu derart großen Systemen führt, daß die Speicherkapazität moderner Rechenanlagen für diese Systeme nicht ausreicht, so daß die Idee der Dekomposition, d.h. der Zerlegung in kleinere, voneinander unabhängig zu lösender Teilprogramme, in diesem Zusammenhang von entscheidender Bedeutung ist; andererseits, weil sich mit Hilfe der Dekomposition interessante theoretische Zusammenhänge innerhalb der mathematischen Programmierung aufzeigen lassen.

Wenn man davon ausgeht, daß bislang keine zusammenhängende Darstellung der Sätze und Verfahren der Dekomposition aus einheitlicher Sicht existiert, lag es nahe diese Lücke zu schließen. Hagelschuer hat mit der vorliegenden Untersuchung eine geschlossene Darstellung der Theorie der linearen Dekomposition vorgelegt. Er hat die verschiedenartigen Einzeldarstellungen nicht nur mit einheitlicher Symbolik zusammengetragen, sondern insbesondere mit Hilfe des von ihm bewiesenen Zerlegungssatzes eine gemeinsame, mehrere Dekompositionsverfahren verbindende Grundlage gefunden.

Besonders hinweisen möchte ich auf das von Hagelschuer entwickelte doppelte Dekompositionsverfahren. Mehrfache Anwendung des Zerlegungssatzes und geschickte Ausnutzung der Dualitätstheorie führen zu einem doppelten Zerlegungssatz, auf dessen Grundlage ein Lösungsverfahren für blockdiagonale lineare Programme mit verbindenden Nebenbedingungen und verbindenden Variablen entwickelt wird, bei welchem die Optimierung statt in zwei nunmehr in drei Ebenen erfolgt. Ein besonderer Vorzug dieses Verfahrens ist es, daß man in jedem Iterationsschritt angeben kann, wie weit der hierbei ermittelte Zielfunktionswert von dem optimalen Zielfunktionswert maximal entfernt ist.

Es bleibt zu hoffen, daß die Verfahren der Dekomposition insgesamt, insbesondere auch die hier entwickelten, zu einer erfolgreichen Anwendung der linearen Programmierung bei praktischen Problemen beitragen werden. Sicherlich wird jedoch die vorgelegte Untersuchung zu weiterer Forschung auf dem Gebiet der Dekomposition anregen.

Werner Dinkelbach

Regensburg, im August 1971

I N H A L T S V E R Z E I C H N I S

Einleitung

Die mathematische Programmierung ist für die Unternehmensforschung von zentraler Bedeutung. Erst mit ihrer Hilfe lassen sich viele Entscheidungsprobleme in einem mathematischen Modell darstellen und lösen. Da man in der Unternehmensforschung zunehmend bestrebt ist, auch komplexe Entscheidungssituationen in Form mathematischer Programme zu erfassen, ergeben sich oft sehr umfangreiche Programme, die so viele Variablen und/oder Nebenbedingungen enthalten, daß schon die Speicherung ihrer Daten die gesamte Kapazität eines modernen Rechners beansprucht und sie sich darum nicht mehr mit den ursprünglichen Methoden der linearen und nichtlinearen Programmierung lösen lassen. Als Lösungsmethoden kommen darum solche Verfahren in Frage, die in jedem Iterationsschritt nur einen Teil der Daten des Gesamtprogramms benötigen. Derartige speziell auf die Lösung großer Programme ausgerichtete Methoden werden in der Literatur oft als Dekompositionsverfahren bezeichnet. Die meisten dieser Verfahren sind dadurch charakterisiert, daß sie die Lösung des ursprünglichen Problems auf die Lösung mehrerer kleinerer Programme zurückführen. Der Begriff Dekomposition soll im folgenden immer in dieser eingeschränkten Bedeutung benutzt werden, d.h., unter der Dekomposition eines Programms wird seine Zerlegung in mehrere kleinere Programme (Teilprogramme, Unterprogramme) und unter einem Dekompositionsverfahren wird ein spezielles Lösungsverfahren eines mathematischen Programms verstanden, das auf einer derartigen Zerlegung eines Programms in kleinere Teilprogramme beruht. Demnach bleiben hier alle in der Literatur ebenfalls als Dekompositionsverfahren bezeichneten Lösungsmethoden, die diese Zerlegungseigenschaft nicht besitzen, unberücksichtigt[1]. Dies bedeutet jedoch keine wesentliche Einschränkung, da diese Verfahren Modifikationen der revidierten Simplexmethode darstellen, wobei die Inversen der Basismatrizen mit Hilfe der Partitioning-Methode bestimmt werden.

Ein weiteres Auswahlkriterium ist die Linearität. Es werden im folgenden nur Dekompositionsmethoden für lineare Programme, bei denen die Teilprogramme ebenfalls linear sind, behandelt. Alle Dekompositionsverfahren der nichtlinearen, dynamischen und ganzzahligen Programmierung, die Dekomposition von Netzwerkproblemen und die Dekomposition linearer Programme mit Hilfe der dynamischen Programmierung werden daher nicht behandelt. Direkte Erweiterungen linearer Dekompositionsmethoden auf nichtlineare Probleme werden bei der Behandlung der entsprechenden Verfahren erwähnt[2].

Ziel dieser Arbeit ist es, eine Übersicht über die wichtigsten linearen Dekompositionsverfahren zu geben, wobei das Schwergewicht auf die Zusammenhänge zwischen den einzelnen Verfahren, die Vereinfachung von Beweisen sowie gewisse Erweiterungsmöglichkeiten gelegt wird.

---

[1] Vgl. hierzu BAKES [1966]; BENNETT [1966]; BENNETT-GREEN [1969]; DANTZIG [1955] und [1963]; HEESTERMAN [1968]; HEESTERMAN-SANDEE [1964/65]; MÜLLER-MERBACH [1965]; NARAYANAMURTHY [1965].

[2] Zu den Dekompositionsverfahren, die keinen direkten Bezug zur linearen Dekomposition besitzen, vgl. BALINSKI [1967], S. 243 ff.; BEALE [1967], S. 197 ff.; BESSIERE-SAUTTER [1968/69]; BRIOSCHI-EVEN [1970]; GEOFFRION [1970b]; GRAVES [1965]; HU [1968]; NEMHAUSER [1964]; PEARSON [1966a] und [1966b]; RITTER [1967b]; SANDERS [1965]; SCHWARTZ [1969]; TAKAHASHI [1963]; VARAIYA [1966]; WEITZMAN [1970] und WONG [1970].

Darüber hinaus werden zwei neue lineare Dekompositionsmethoden entwickelt.

Es gibt nur wenige Veröffentlichungen, die eine Übersicht über verschiedene Dekompositionsverfahren geben. In den Arbeiten von DANTZIG, GOMORY, KÜNZI und TAN werden im wesentlichen nur die linearen Verfahren von BENDERS, DANTZIG-WOLFE, GASS und ROSEN behandelt[1]. Umfassender sind zwei Artikel von GEOFFRION[2]. Sie behandeln lineare und nichtlineare Dekompositionsverfahren und stellen einen ersten Versuch dar, alle Lösungsverfahren umfangreicher mathematischer Programme durch Herausarbeitung gemeinsamer Elemente zu gliedern. Eine sehr ausführliche Darstellung der bekanntesten Dekompositionsverfahren - auch der nichtlinearen - liefert das Lehrbuch von LASDON[3]. Jedoch wird u.a. nicht auf die doppelte Dekomposition, die in dieser Arbeit im Abschnitt 2 behandelt wird, eingegangen.

Während GEOFFRION die Lösungsverfahren nach den ihnen zugrundeliegenden Prinzipien gliedert, werden die hier behandelten linearen Dekompositionsverfahren nach der Struktur der Programme gegliedert. Hierzu muß zuerst umschrieben werden, was unter der Struktur eines linearen Programms verstanden werden soll. Es zeigt sich, daß in zahlreichen aus praktischen Problemstellungen abgeleiteten linearen Programmen die Koeffizientenmatrix viele Nullen enthält, die jedoch nicht gleichmäßig über die Matrix verteilt sind, sondern sich in gewissen Be-

---

1 Vgl. DANTZIG [1968] und [1970]; GOMORY [1963]; KÜNZI-TAN [1966] und TAN [1966].

2 Vgl. GEOFFRION [1969/70a] und [1969/70b].

3 Vgl. LASDON [1970].

reichen konzentrieren. Unter einem strukturierten linearen Programm soll ein lineares Programm verstanden werden, dessen Koeffizientenmatrix sich derart in Null- und Nichtnullmatrizen zerlegen läßt, daß hierbei die Nichtnullmatrizen nach einer bestimmten Gesetzmäßigkeit angeordnet sind. In der Literatur werden im wesentlichen nur die folgenden fünf Strukturen behandelt[1].

Liegen alle Nichtnullmatrizen der Koeffizientenmatrix auf und unterhalb der 'Hauptdiagonalen', so spricht man von einer blocktriangularen (block triangular[2]) Struktur. (Vgl. Abb. 1, die schraffierte Fläche kennzeichnet die Nichtnullmatrizen)

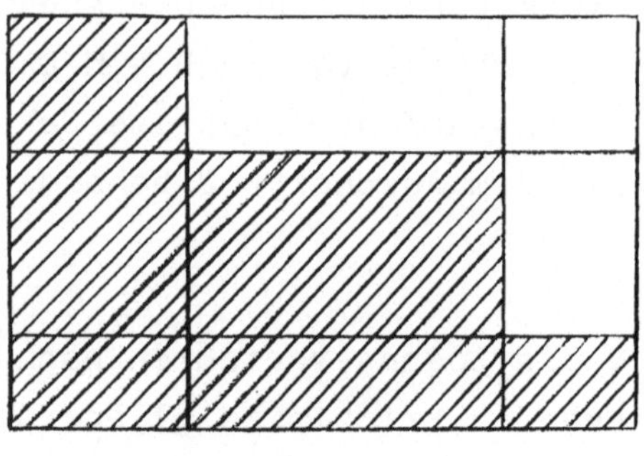

Abb. 1

Bei einer vielstufigen[3] (staircase[4], linked[5]) Struktur konzentrieren sich die Nichtnullmatrizen um die 'Hauptdiagonale'. (Vgl. Abb. 2)

---

1 Bei der Behandlung gewisser praktischer Probleme findet man vereinzelt auch andere speziellere Strukturen. Vgl. etwa ROBERTS [1963].

2 Vgl. DANTZIG [1955], S. 176 und [1959/60], S. 67.

3 Vgl. DANTZIG [1966], S. 529.

4 Vgl. DANTZIG [1963], S. 125 und [1968], S. 81.

5 Vgl. HEESTERMAN-SANDEE [1964/65], S. 420.

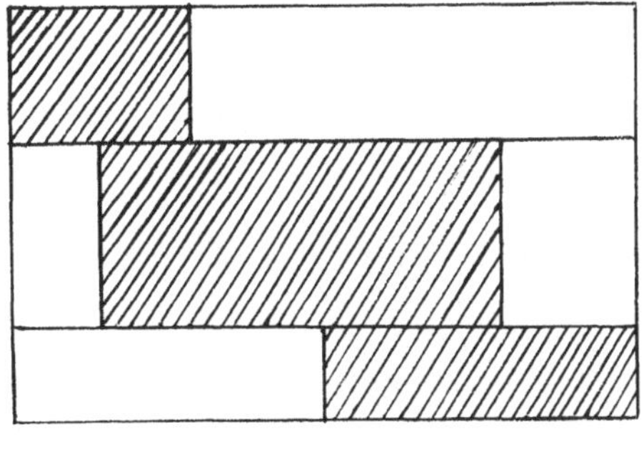

Abb. 2

Eine blockdiagonale Struktur mit verbindenden Nebenbedingungen (block diagonal structure with coupling constraints[1]) ist eine spezielle blocktriangulare Struktur. Bis auf einen Streifen am unteren (oder oberen) Matrixrand liegen alle Nichtnullmatrizen auf der 'Hauptdiagonalen', und zwar fallen für diese Untermatrizen die linke untere Ecke mit der rechten oberen Ecke der darunterliegenden Nichtnullmatrix zusammen. (Vgl. Abb. 3)

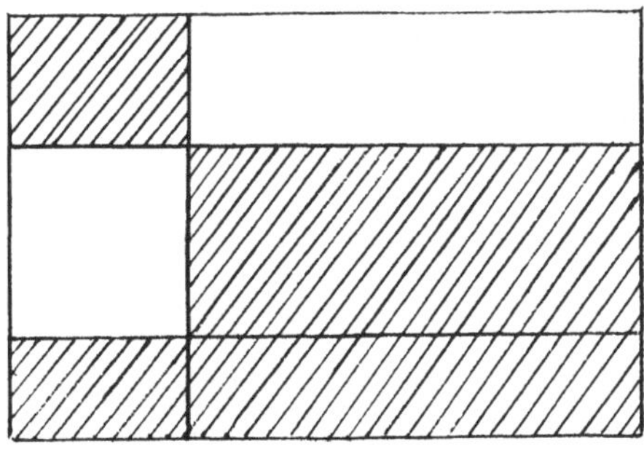

Abb. 3

Analog wird eine blockdiagonale Struktur mit verbindenden Variablen definiert. (Vgl. Abb. 4)

---

1 Vgl. GRIGORIADIS-RITTER [1969], S. 335 und RITTER [1967a], S. 1.

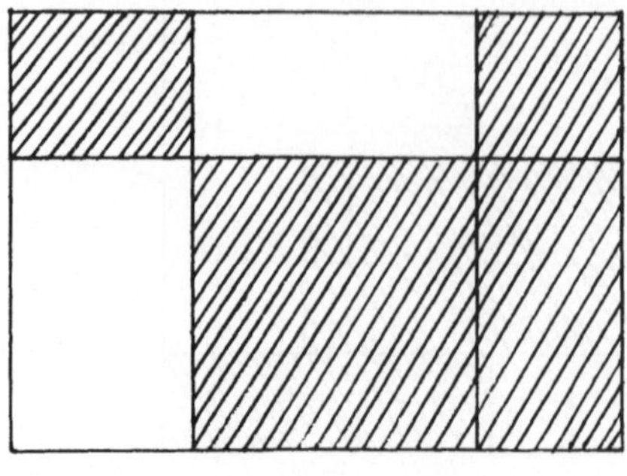

Abb. 4

DANTZIG nennt eine blockdiagonale Struktur mit verbindenden Nebenbedingungen oder verbindenden Variablen eine (block-)angulare Struktur[1]. Besitzt ein lineares Programm eine blockdiagonale Struktur mit verbindenden Nebenbedingungen, so hat das duale Programm ebenfalls eine blockdiagonale Struktur, jedoch mit verbindenden Variablen.

Als Kombination der beiden blockangularen Strukturen erhält man schließlich eine blockdiagonale Struktur mit verbindenden Nebenbedingungen und verbindenden Variablen (bordered angular[2], bordered block-diagonal[3] structure). (Vgl. Abb. 5)

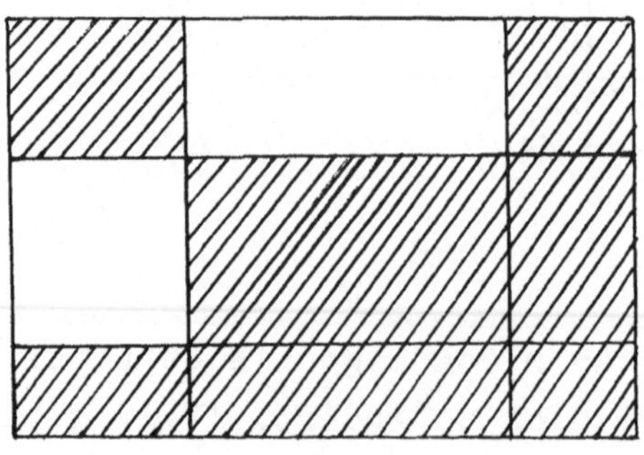

Abb. 5

---

[1] Vgl. DANTZIG [1959/60], S. 67 und [1968], S. 85.

[2] Vgl. DANTZIG [1968], S. 84 und [1970] S. 58.

[3] Vgl. HEESTERMAN [1968], S. 288.

Speziell zur Lösung von allgemeinen blocktriangularen oder vielstufigen linearen Programmen gibt es meines Wissens keine Dekompositionsverfahren in dem oben definierten Sinne[1]. Alle hierfür entwickelten Lösungsmethoden sind Modifikationen der revidierten Simplexmethode[2]. Wegen der besonderen Struktur dieser Programme läßt sich hierbei die Inversion der Basismatrizen auf die Inversion kleinerer Matrizen zurückführen. Die Lösung vielstufiger Probleme läßt sich auch mit Hilfe der dynamischen Programmierung bestimmen[3]. Ferner läßt sie sich auf die Lösung mehrerer blockangularer Programme zurückführen[4]. Für die Theorie der linearen Dekomposition sind somit im wesentlichen nur blockangulare Programme und blockdiagonale Programme mit verbindenden Nebenbedingungen und Variablen von Bedeutung.

Im ersten Kapitel dieser Arbeit werden Dekompositionsverfahren zur Lösung blockdiagonaler Programme mit verbindenden Nebenbedingungen oder verbindenden Variablen behandelt. Es wird zwischen indirekten und direkten Verfahren unterschieden. Während bei den indirekten Verfahren das ursprüngliche blockangulare Problem zuerst in ein äquivalentes nicht strukturiertes Programm, dessen Koeffizienten sich mit Hilfe von Teilprogrammen sukzessive erzeugen lassen, transformiert und dieses anschließend mit Hilfe einer Zerlegungsmethode ge-

---

[1] Zur Dekomposition spezieller vielstufiger linearer Programme vgl. GRINOLD [1969], S. 23 ff. und COBB-CORD [1970].

[2] Vgl. DANTZIG [1955], S. 176 ff. und [1963] und HEESTERMAN-SADEE [1964/65].

[3] Vgl. BELLMAN [1956/57].

[4] Vgl. DANTZIG [1966], S. 528 ff. und DANTZIG-WOLFE [1960], S. 109 ff.

löst wird, wird bei den direkten Verfahren das ursprüngliche Programm selbst zerlegt[1]. Hierbei werden zwei Programme als äquivalent bezeichnet, wenn das eine genau dann eine optimale Lösung besitzt, wenn auch das andere eine optimale Lösung besitzt, wenn die optimalen Zielfunktionswerte - falls sie existieren - übereinstimmen und wenn sich aus dem optimalen Lösungsvektor des einen Programms der des anderen ermitteln läßt und umgekehrt.

Als indirekte Dekompositionsverfahren werden die Methode von DANTZIG und WOLFE und die Partitionsmethode von BENDERS behandelt. Beim Verfahren von BENDERS wird das Schwergewicht auf das diesem Verfahren zugrundeliegende Partitionstheorem gelegt. Zuerst wird ein Zerlegungssatz für allgemeine lineare Programme bewiesen, mit dessen Hilfe ein neuer Beweis dieses Theorems gebracht wird. Aus diesem Beweis ergibt sich dann fast unmittelbar, daß die Verfahren von DANTZIG und WOLFE sowie BENDERS in gewisser Weise zueinander dual sind.

Im Abschnitt 1.2 werden die Verfahren von ROSEN und BALAS erörtert. Es wird u.a. gezeigt, daß zwischen dem Verfahren von ROSEN und einem parametrischen Verfahren von DINKELBACH eine enge Beziehung besteht und daß das Verfahren von BALAS eine spezielle Methode der zulässigen Richtungen ist.

---

[1] Man beachte, daß in der Literatur im Unterschied zu der hier gegebenen Definition diejenigen Lösungsverfahren umfangreicher Programme, die nur Modifikationen der revidierten Simplexmethode darstellen, als direkte Dekompositionsverfahren (Methoden) bezeichnet werden. Vgl. hierzu etwa LASDON [1970], S. 105.

Das zweite Kapitel hat die Dekompositionsverfahren zur Lösung blockdiagonaler Programme mit verbindenden Nebenbedingungen und verbindenden Variablen zum Inhalt. Zuerst wird ein Verfahren von KRONSJÖ, das als eine Erweiterung der DANTZIG-WOLFEschen Dekompositionsmethode dargestellt wird, behandelt. Da dieses Verfahren nicht notwendig endlich ist, wird eine Modifikation dieser Dekompositionsmethode entwickelt, die die Endlichkeit des Verfahrens garantiert. Anschließend wird ein neues Lösungsverfahren, das in einem gewissen Sinne als eine Verallgemeinerung der Partitionsmethode von ROSEN bezeichnet werden kann, hergeleitet. Während jedoch beim Verfahren von ROSEN das ursprüngliche Problem in ein doppeltes Optimierungsproblem zerlegt wird, wird hier das zu lösende Programm in eine dreifache Optimierungsaufgabe transformiert. Ausgehend vom innersten Optimierungsproblem sind in jedem Iterationsschritt drei verschiedenartige lineare Programme zu lösen. Im Anhang wird dieser Algorithmus an einem einfachen Beispiel erläutert.

Im letzten Kapitel wird ein Überblick über die Dekompositionsverfahren zur Lösung allgemeiner nicht strukturierter linearer Programme gegeben. Ausführlicher wird auf das Modell der 'Zweiebenenplanung' von LIPTAK und einer Übertragung des im Abschnitt 2.2 entwickelten doppelten Dekompositionsverfahrens auf nicht strukturierte lineare Programme eingegangen. In beiden Verfahren wird zuerst das allgemeine lineare Programm durch Hinzufügung von zusätzlichen Variablen in ein strukturiertes lineares Programm transformiert. Beim Modell von LIPTAK werden der Begrenzungsvektor und beim allgemeinen doppelten

Dekompositionsverfahren der Begrenzungs- und Zielfunktionsvektor durch Summen von variablen Vektoren ersetzt. LIPTÁK transformiert das so erweiterte lineare Programm in ein äquivalentes Zwei-Personen-Nullsummenspiel, das er anschließend mit Hilfe der Methode des fiktiven Abspielens löst. Beim allgemeinen doppelten Dekompositionsverfahren wird das erweiterte lineare Programm in ein dreifaches Optimierungsproblem transformiert, das sich ähnlich wie im Abschnitt 2.2.2 lösen läßt. Da die erweiterten linearen Programme sehr umfangreich sind, dürften diese allgemeinen Dekompositionsverfahren für die Lösung praktischer Probleme weniger geeignet sein. Es werden darum nur die Transformationen eines linearen Programms in ein Zwei-Personen-Nullsummenspiel bzw. in ein dreifaches Optimierungsverfahren entwickelt. Auf die Beschreibung der theoretisch weniger interessanten Lösungsalgorithmen wird verzichtet. Das Modell von LIPTÁK wird geringfügig erweitert, indem bei der Charakterisierung eines linearen Programms durch ein Zwei-Personen-Nullsummenspiel nicht vorausgesetzt wird, daß dieses Programm eine optimale Lösung besitzt.

Da in dieser Arbeit die verschiedenen Dekompositionsverfahren vornehmlich vom theoretischen Standpunkt aus betrachtet werden, bleiben rein computertechnische Probleme unberücksichtigt. Diese Probleme werden in den Veröffentlichungen zu den einzelnen Dekompositionsverfahren gar nicht oder nur am Rande behandelt[1]. Es gibt nur einen Aufsatz, und zwar von OHSE[2], der sich ausschließlich mit

---

1 Vgl. BENDERS [1962], S. 250 ff.; GRIGORIADIS-RITTER [1969], S. 352 ff. und ROSEN-ORNEA [1963/64], S. 171 f.

2 Vgl. OHSE [1967].

den numerischen Erfahrungen der Dekompositionsverfahren von DANTZIG-WOLFE und von MÜLLER-MERBACH befaßt. Bei ROSEN[1] findet man eine Übersicht über einige Testergebnisse der Verfahren von BEALE, BENDERS und ROSEN.

Programme mit blocktriangularer oder vielstufiger Struktur treten vornehmlich bei der Behandlung von dynamischen Problemen auf[2]. Typische Beispiele sind die dynamischen LEONTIEF Modelle[3]. Die meisten Anwendungsbeispiele von strukturierten Programmen sind blockangulare Probleme. So lassen sich häufig Netzflußprobleme (Transport- und Ablaufplanungsprobleme)[4] und Produktionsprobleme[5] als Programme mit blockangularer Struktur darstellen. Für blockdiagonale Programme mit verbindenden Nebenbedingungen und verbindenden Variablen gibt es in der Literatur keine ausführlichen Anwendungsbeispiele. In der Veröffentlichung von GRIGORIADIS-RITTER[6] findet man nur einen kurzen Hinweis darauf, daß derartig strukturierte Programme bei Verteilungs- und Produktionsplanungsproblemen auftreten. Unter gewissen Annahmen lassen sich auch vielstufige Programme durch gleichzeitiges Vertauschen von Zeilen und Spalten der Koeffizientenmatrix in ein blockdiagonales Programm mit verbindenden Nebenbedingungen und verbindenden Variablen transformieren.

---

1 Vgl. ROSEN [1964], S. 259 f.

2 Vgl. DANTZIG [1955], S. 176 ff. und [1959/60] und HEESTERMAN-SANDEE [1964/65], S. 420 f.

3 Vgl. DANTZIG [1955], S. 177 f. und [1959/60], S. 55 ff.

4 Vgl. DANTZIG-WOLFE [1961], S. 775 ff.; GLASSEY [1967]; GRIGORIADIS-WALKER [1967/68]; LAMBERSON-HOCKING [1969/70]; TOMLIN [1966] und WILLIAMS [1962].

5 Vgl. BAUMOL-FABIAN [1964/65], S. 2 ff. und ROSEN-ORNEA [1963/64].

6 Vgl. GRIGORIADIS-RITTER [1969], S. 336.

In den folgenden Ausführungen wird die Kenntnis der linearen Programmierung, insbesondere der Dualitätstheorie und der revidierten Simplexmethode, vorausgesetzt. Probleme der Degeneration und der Mehrfachlösung bleiben unberücksichtigt.

Es werden mit $\mathbb{N}$ bzw. $\mathbb{R}$ die Menge der natürlichen bzw. reellen Zahlen und mit großen bzw. kleinen unterstrichenen Buchstaben Matrizen bzw. Vektoren, z.B. $\underline{A}$, $\underline{B}$ bzw. $\underline{a}$, $\underline{b}$, bezeichnet. Transponierte Matrizen und Vektoren werden durch ein hochgestelltes T gekennzeichnet, z.B. $\underline{A}^T$, $\underline{a}^T$. Die Symbole † bzw. †† zeigen das Ende eines Satzes oder einer Definition bzw. eines Beweises an.

1. Dekompositionsverfahren zur Lösung blockdiagonaler linearer Programme mit verbindenden Nebenbedingungen oder verbindenden Variablen

Die in diesem Kapitel behandelten Dekompositionsverfahren gehen teils von einem blockdiagonalen linearen Programm mit verbindenden Nebenbedingungen (vgl. Einleitung, Abb. 3) und teils von einem blockdiagonalen linearen Programm mit verbindenden Variablen (vgl. Einleitung, Abb. 4) aus. Da das zu einem blockdiagonalen linearen Programm mit verbindenden Nebenbedingungen duale Problem ein blockdiagonales lineares Programm mit verbindenden Variablen ist, läßt sich mit einem Dekompositionsverfahren, das von einem blockdiagonalen linearen Programm mit verbindenden Variablen ausgeht, auch ein blockdiagonales lineares Programm mit verbindenden Nebenbedingungen lösen. Hierzu bestimmt man zuerst mit Hilfe der gegebenen Dekompositionsmethode eine optimale Lösung des dualen Problems und hieraus anschließend mit Hilfe des Complementary-Slackness-Theorems der Dualitätstheorie eine optimale Lösung des gegebenen Problems. Analog läßt sich mit Hilfe eines Dekompositionsverfahrens, das von einem blockdiagonalen linearen Programm mit verbindenden Variablen ausgeht, über das duale Problem ein blockdiagonales lineares Programm mit verbindenden Nebenbedingungen lösen.

Zuerst werden die Dekompositionsverfahren von DANTZIG und WOLFE und von BENDERS behandelt. Beiden Verfahren ist gemeinsam, daß das gegebene strukturierte Problem zuerst in ein nicht strukturiertes lineares Programm, dessen Nebenbedingungen nur implizit angegeben werden, transformiert wird und daß dann dieses nicht strukturierte Problem mit Hilfe der Dekomposition gelöst wird. Im Gegensatz hierzu wird bei den Verfahren von ROSEN und BALAS, die anschließend behandelt werden, direkt von dem gegebenen strukturierten Programm, das in eine doppelte Optimierungsaufgabe zerlegt wird, ausgegangen.

1.1. Indirekte Dekompositionsverfahren

1.1.1. Das Dekompositionsverfahren von DANTZIG und WOLFE

Es wird von einem blockdiagonalen linearen Programm mit verbindenden Nebenbedingungen ausgegangen, d.h. von dem folgenden strukturierten linearen Programm,

maximiere

$$z = \sum_{k=1}^{K} \underline{c}^{kT} \underline{x}^k$$

unter den Nebenbedingungen (1.1)

$$\begin{array}{lllll} \underline{A}^1\underline{x}^1 & & & & = \underline{b}^1 \\ & \underline{A}^2\underline{x}^2 & & & = \underline{b}^2 \\ & & \ddots & & \vdots \\ & & & \underline{A}^K\underline{x}^K & = \underline{b}^K \\ \underline{B}^1\underline{x}^1 & + \underline{B}^2\underline{x}^2 & + \ldots + & \underline{B}^K\underline{x}^K & = \underline{b}^{K+1} \end{array}$$

$$\underline{x}^k \geq \underline{o} \qquad (k = 1,\ldots,K).$$

Hierbei seien $\underline{b}^{K+1} \in \mathbb{R}^{m_{K+1}}$ mit $\underline{b}^{K+1} \geq \underline{o}$ und für $k = 1,\ldots,K$ $\underline{A}^k$ $(m_k \times n_k)$-Matrizen, $\underline{B}^k$ $(m_{K+1} \times n_k)$-Matrizen $\underline{x}^k, \underline{c}^k \in \mathbb{R}^{n_k}$ und $\underline{b}^k \in \mathbb{R}^{m_k}$ mit $\underline{b}^k \geq \underline{o}$ und Rang $(\underline{A}^k) = m_k \leq n_k$.

Im Programm (1.1) treten nur in den letzten m_{K+1} Nebenbedingungen alle Variablen $\underline{x}^k$ $(k = 1,\ldots,K)$ gleichzeitig auf, während alle übrigen Nebenbedingungen nur die Variablen $\underline{x}^k$, und zwar für genau ein $k \in \{1,\ldots,K\}$, enthalten. Falls alle $\underline{B}^k$ $(k = 1,\ldots,K)$

Nullmatrizen und $\underline{b}^{K+1} = \underline{o}$ sind, zerfällt (1.1) in K unabhängige Teilprogramme. Da diese Teilprogramme also durch die letzten m_{K+1} Nebenbedingungen miteinander verbunden sind, nennt man (1.1) ein blockdiagonales lineares Programm mit verbindenden Nebenbedingungen.

1.1.1.1. Der Darstellungssatz linearer Systeme und das Dekompositionsprinzip von DANTZIG und WOLFE[1]

Die Transformation des gegebenen strukturierten Programms (1.1) in ein äquivalentes nicht strukturiertes lineares Programm[2] erfolgt mit Hilfe des sogenannten Dekompositionsprinzips von DANTZIG und WOLFE. Grundlage dieses Prinzips ist der folgende Satz.

Satz 1.1 (Darstellungssatz)

Zu jedem linearen System

$$\underline{A}\ \underline{x} = \underline{b},\ \underline{x} \geq \underline{o} \qquad (1.2)$$

mit $\underline{A}$ eine $(m \times n)$-Matrix, $\underline{x} \in \mathbb{R}^n$ und $\underline{b} \in \mathbb{R}^m$ gibt es endlich viele Lösungen $\underline{x}_q$ $(q \in Q)$ von

$$\underline{A}\ \underline{x} = \underline{o},\ \underline{x} \geq \underline{o} \qquad (1.3)$$

derart, daß sich jede Lösung $\underline{x}$ von (1.2) als Summe einer konvexen Kombination der endlich vielen zulässigen Basislösungen $\underline{x}_p$ $(p \in P)$ von (1.2) und einer nichtnegativen Linearkombination der $\underline{x}_q$ $(q \in Q)$, d.h. in der Form

---

[1] Zum Dekompositionsprinzip von DANTZIG und WOLFE vgl. DANTZIG [1966], S. 507 ff. und DANTZIG-WOLFE [1960], vgl. auch GROSSE [1967], S. 97 und HARVEY [1964/65].

[2] Zur Definition der Äquivalenz von zwei mathematischen Programmen siehe Einleitung.

$$\underline{x} = \sum_{p \in P} \lambda_p \underline{x}_p + \sum_{q \in Q} \mu_q \underline{x}_q \tag{1.4}$$

$$(\sum_{p \in P} \lambda_p = 1,\ \lambda_p \geq 0\ (p \in P),\ \mu_q \geq 0\ (q \in Q)),$$

darstellen läßt. Umgekehrt ist jeder Vektor, der sich in der Form (1.4) darstellen läßt, wobei $\underline{x}_p$ $(p \in P)$ zulässige Basislösungen von (1.2) und $\underline{x}_q$ $(q \in Q)$ zulässige Lösungen von (1.3) sind, eine Lösung von (1.2). †[1]

Ein System von zulässigen Lösungen $\underline{x}_q$ $(q \in Q)$ von (1.3) mit der in Satz 1.1 angegebenen Eigenschaft, wird im folgenden als ein System von Extremalstrahlen von (1.2) bezeichnet[2].

Dieser Darstellungssatz wird jetzt auf die linearen Systeme

$$\begin{aligned} \underline{A}^k \underline{x}^k &= \underline{b}^k \\ \underline{x}^k &\geq \underline{o} \\ (k &= 1,\ldots,K)\ ^3 \end{aligned} \tag{1.5}$$

angewandt. Hierzu seien für $k = 1,\ldots,K$

$$\underline{x}_p^k\ (p \in P^k)\ \text{und}\ \underline{x}_q^k\ (q \in Q^k) \tag{1.6}$$

das System aller zulässigen Basislösungen und ein System von Extremalstrahlen von (1.5). Nach dem Darstellungssatz läßt sich für $k = 1,\ldots,K$ jede Lösung $\underline{x}^k$ von (1.5) darstellen als

---

1 Zum Beweis vgl. JAEGER-WENKE [1969], S. 258 ff.; vgl. auch LASDON [1970], S. 145 f.

2 Vgl. BELL [1966], S. 1-2.

3 Tritt in einer Formel ein variabler Index mehrmals auf, so wird die zu diesem Index gehörende Indexmenge nur einmal angegeben, und zwar am Ende der Formel.

$$\underline{x}^k = \sum_{p \varepsilon P^k} \lambda_p^k \, \underline{x}_p^k + \sum_{q \varepsilon Q^k} \mu_q^k \, \underline{x}_q^k \tag{1.7}$$

$$\Big(\sum_{p \varepsilon P^k} \lambda_p^k = 1, \; \lambda_p^k \geq 0 \; (p \; \varepsilon \; P^k), \; \mu_q^k \geq 0 \; (q \; \varepsilon \; Q^k) \Big).$$

Das Dekompositionsprinzip von DANTZIG und WOLFE besteht nun darin, (1.7) im Programm (1.1) einzusetzen und so (1.1) in ein äquivalentes lineares Programm zu transformieren. Man erhält das folgende nicht strukturierte lineare Programm,

maximiere

$$z = \sum_{k=1}^{K} \Big(\sum_{p \varepsilon P^k} \underline{c}^{kT} \underline{x}_p^k \, \lambda_p^k + \sum_{q \varepsilon Q^k} \underline{c}^{kT} \underline{x}_q^k \, \mu_q^k \Big)$$

unter den Nebenbedingungen (1.8)

$$\sum_{k=1}^{K} \Big(\sum_{p \varepsilon P^k} \underline{B}^k \underline{x}_p^k \, \lambda_p^k + \sum_{q \varepsilon Q^k} \underline{B}^k \underline{x}_q^k \, \mu_q^k \Big) = \underline{b}^{K+1}$$

$$\sum_{p \varepsilon P^k} \lambda_p^k = 1$$

$$\lambda_p^k \geq 0 \; (p \; \varepsilon \; P^k), \; \mu_q^k \geq 0 \; (q \; \varepsilon \; Q^k)$$

$$(k = 1, \ldots, K).$$

Für dieses Programm (1.8) gilt der folgende Satz.

<u>Satz 1.2 (Dekompositionsprinzip)</u>

Das strukturierte lineare Programm (1.1) und das nicht strukturierte lineare Programm (1.8) sind äquivalent. †

Der Beweis dieses Dekompositionsprinzips folgt unmittelbar aus dem Darstellungssatz 1.1. ††

Ist insbesondere

$$\hat{\lambda}_p^k \ (p \in P^k) \text{ und } \hat{\mu}_q^k \ (q \in Q^k)$$

$$(k = 1,\ldots,K)$$

eine optimale Lösung von (1.8), so liefert (1.7) eine optimale Lösung

$$\hat{\underline{x}}^k := \sum_{p \in P^k} \hat{\lambda}_p^k \underline{x}_p^k + \sum_{q \in Q^k} \hat{\mu}_q^k \underline{x}_q^k \qquad (k = 1,\ldots,K) \qquad (1.9)$$

des gegebenen strukturierten Problems (1.1).

1.1.1.2. Die Beschreibung des Lösungsalgorithmus[1]

Mit Hilfe des Dekompositionsprinzips hat man die Lösung des ursprünglichen strukturierten Problems (1.1) auf die Lösung eines nicht strukturierten Programms (1.8) zurückgeführt, das zwar weniger Nebenbedingungen, dafür aber erheblich mehr Variablen enthält. Wollte man das Programm (1.8) mit der gewöhnlichen Simplexmethode lösen, so benötigte man ähnlich wie beim strukturierten Programm (1.1) sehr viel Speicherkapazität, und zusätzlich müßte man zuerst alle Koeffizienten dieses Programms explizit bestimmen, d.h., man müßte vorab alle zulässigen Basislösungen und ein System von Extremalstrahlen von (1.5) ermitteln.

Die Simplexmethode wird daher in der Weise modifiziert, daß in jedem Iterationsschritt jeweils nur

---

[1] Vgl. DANTZIG [1966], S. 510 ff. und DANTZIG-WOLFE [1961], ferner BAUMOL-FABIAN [1964/65]; GROSSE [1967], S. 97 ff. und WALKER [1969].

$(m_{K+1}+1)$ Spaltenvektoren der Koeffizientenmatrix benötigt werden. Hierbei wird wie in der primalen Simplexmethode in jedem Iterationsschritt von einer zulässigen Basislösung von (1.8) ausgegangen. Mit Hilfe von K Teilprogrammen werden die Optimalität dieser Basislösung geprüft und - falls sie nicht optimal ist - eine neu in die Basis aufzunehmende Variable und der dazugehörende Spaltenvektor der Koeffizientenmatrix bestimmt. In einem Hauptprogramm, dessen Koeffizientenmatrix nur aus den Spalten der gegebenen Basismatrix und dem Spaltenvektor der neu in die Basis aufzunehmenden Variablen besteht, wird eine neue zulässige Basislösung von (1.8) bestimmt.

Die dem DANTZIG-WOLFEschen Dekompositionsverfahren zugrundeliegende Idee, die Spalten der Koeffizientenmatrix sukzessive zu erzeugen, wird in der Literatur oft als column generation[1] bezeichnet. Sie wird auch bei der Behandlung von Aufteilungs-[2], Netzwerk-[3] und Verschnittproblemen[4] angewandt, bei denen ebenfalls Programme mit sehr vielen Variablen auftreten.

Es sei also eine zulässige Basislösung

$$\tilde{\lambda}_p^k \ (p \in P^k), \ \tilde{\mu}_q^k \ (q \in Q^k) \qquad (k = 1,\ldots,K)$$

von (1.8) mit den Basisvariablen

$$\lambda_p^k \ (p \in \tilde{P}^k), \ \mu_q^k \ (q \in \tilde{Q}^k) \qquad (k = 1,\ldots,K)$$

---

1 Vgl. GEOFFRION [1969/70a], S. 654 und LASDON [1970], S. 146.

2 Vgl. RAO-ZIONTS [1968].

3 Vgl. FORD-FULKERSON [1958/59] und GLASSEY [1967].

4 Vgl. GILMORE-GOMORY [1961] und [1963].

gegeben. Ferner seien die zu den Basisvariablen gehörenden Spaltenvektoren

$$\underline{B}^k \underline{x}_p^k \ (p \in \tilde{P}^k), \ \underline{B}^k \underline{x}_q^k \ (q \in \tilde{Q}^k)$$

der Koeffizientenmatrix und Koeffizienten

$$\underline{c}^{kT} \underline{x}_p^k \ (p \in \tilde{P}^k), \ \underline{c}^{kT} \underline{x}_q^k \ (q \in \tilde{Q}^k)$$

der Zielfunktion von (1.8) bekannt[1]. Um die Optimalität dieser Basislösung zu prüfen, werden die zu dieser Basis gehörenden Lösungen

$$\tilde{\underline{y}}^{K+1}, \ \tilde{v}^k \ (k = 1,\ldots,K) \qquad (1.10)$$

des zu (1.8) dualen Programms,

minimiere

$$Z = \sum_{k=1}^{K} v^k + (\underline{b}^{K+1})^T \underline{y}^{K+1}$$

unter den Nebenbedingungen (1.11)

$$v^k + (\underline{B}^k \underline{x}_p^k)^T \underline{y}^{K+1} \geq \underline{c}^{kT} \underline{x}_p^k$$
$$(p \in P^k)$$
$$(\underline{B}^k \underline{x}_q^k)^T \underline{y}^{K+1} \geq \underline{c}^{kT} \underline{x}_q^k$$
$$(q \in Q^k)$$
$$(k = 1,\ldots,K),$$

auf ihre Zulässigkeit untersucht. Obwohl die Koeffizienten des Programms (1.11) nicht alle explizit gegeben sind, lassen sich die Werte (1.10) mit Hilfe des Complementary-Slackness-Theorems der Dualitätstheo-

---

[1] Diese Annahme schränkt jedoch die Anwendungsmöglichkeit der Dekompositionsmethode in keiner Weise ein, da man ähnlich wie in der Zweiphasenmethode das Verfahren mit einer künstlichen Basis beginnen kann.

rie aus der gegebenen Basismatrix ermitteln. Die Größen (1.10) ergeben sich als eindeutige Lösung des folgenden Gleichungssystems,

$$v^k + (\underline{B}^k \underline{x}_p^k)^T \underline{y}^{K+1} = \underline{c}^{kT} \underline{x}_p^k \quad (p \varepsilon \tilde{P}^k)$$

$$(\underline{B}^k \underline{x}_q^k)^T \underline{y}^{K+1} = \underline{c}^{kT} \underline{x}_q^k \quad (q \varepsilon \tilde{Q}^k)$$

$$(k = 1,\ldots,K).$$

Schwierigkeiten bereitet jedoch die Prüfung, ob die Größen (1.10) eine zulässige Lösung von (1.11) sind. Hierzu muß geprüft werden, ob alle Größen

$$\underline{c}^{kT} \underline{x}_p^k - (\underline{B}^k \underline{x}_p^k)^T \tilde{\underline{y}}^{K+1} - \tilde{v}^k \quad (p \varepsilon P^k) \qquad (1.12)$$

und

$$\underline{c}^{kT} \underline{x}_q^k - (\underline{B}^k \underline{x}_q^k)^T \tilde{\underline{y}}^{K+1} \quad (q \varepsilon Q^k) \qquad (1.13)$$

$$(k = 1,\ldots,K),$$

die jedoch nicht explizit gegeben sind, nicht positiv sind. Wie diese Prüfung im einzelnen erfolgt, wird weiter unten beschrieben. Sind alle Größen (1.12) und (1.13) kleiner oder gleich Null, so ist (1.10) eine zulässige Lösung von (1.11), und die gegebene Basislösung von (1.8) ist optimal.

Sind nicht alle Größen (1.12) und (1.13) kleiner oder gleich Null, so wird,wie weiter unten ausgeführt wird, eine Variable $\lambda_{p'}^{k'}$ $(p' \varepsilon P^{k'})$ bzw. $\mu_{q'}^{k'}$ $(q' \varepsilon Q^{k'})$ $(k' \varepsilon \{1,\ldots,K\})$ mit

$$\underline{c}^{k'T} \underline{x}_{p'}^{k'} - (\underline{B}^{k'} \underline{x}_{p'}^{k'})^T \tilde{\underline{y}}^{K+1} - \tilde{v}^{k'} > 0 \qquad (1.14)$$

bzw.

$$\underline{c}^{k'T} \underline{x}_{q'}^{k'} - (\underline{B}^{k'} \underline{x}_{q'}^{k'})^T \tilde{\underline{y}}^{K+1} > 0 \qquad (1.15)$$

bestimmt, die neu in die Basis aufgenommen werden soll.

Da also u.a. die Größen (1.12) auf ihre Nichtpositivität untersucht werden müssen und da sich (1.12) in der Form

$$(\underline{c}^k - \underline{B}^{kT}\tilde{\underline{y}}^{K+1})^T \underline{x}_p^k - \tilde{v}^k \qquad (p \in P^k)$$

darstellen läßt, wobei $\underline{x}_p^k$ ($p \in P^k$) die Gesamtheit aller zulässigen Basislösungen von (1.5) sind, liegt es nahe, die folgenden K Teilprogramme,

maximiere

$$z = (\underline{c}^k - \underline{B}^{kT}\underline{y}^{K+1})^T \; \underline{x}^k$$

unter den Nebenbedingungen (1.16)

$$\underline{A}^k \underline{x}^k = \underline{b}^k$$
$$\underline{x}^k \geq \underline{o}$$
$$(k = 1,\ldots,K),$$

mit $\underline{y}^{K+1} = \tilde{\underline{y}}^{K+1}$ zu lösen. Die Teilprogramme (1.16) werden im folgenden die primalen Teilprogramme genannt und mit $P_k(\underline{y}^{K+1})$ $(k = 1,\ldots,K)$ bezeichnet. Die zu (1.16) dualen Programme werden die dualen Teilprogramme genannt und mit $D_k(\underline{y}^{K+1})$ $(k = 1,\ldots,K)$ bezeichnet.

Da zu Beginn des Iterationsschritts von einer zulässigen Basislösung von (1.8) ausgegangen wurde und da damit nach dem Dekompositionsprinzip auch das Programm (1.1) eine zulässige Lösung besitzt, haben die primalen Teilprogramme $P_k(\tilde{\underline{y}}^{K+1})$ $(k = 1,\ldots,K)$ entweder eine optimale oder eine unbeschränkte Lösung. Die folgenden Überlegungen werden für alle $k \in \{1,\dots,K\}$ gesondert durchgeführt.

(i) Zuerst werde angenommen, daß das primale Teilprogramm $P_k(\tilde{\underline{y}}^{K+1})$ eine optimale Basislösung $\underline{x}^k_{p'}$, $(p' \in P^k)$ besitzt. Es folgt für alle $q \in Q^k$

$$(\underline{c}^k - \underline{B}^{kT}\tilde{\underline{y}}^{K+1})^T \underline{x}^k_q \leq 0.$$

Um die Nichtpositivität der Größen (1.12) zu prüfen, wird

$$(\underline{c}^k - \underline{B}^{kT}\tilde{\underline{y}}^{K+1})^T \underline{x}^k_{p'} - \tilde{v}^k \qquad (1.17)$$

berechnet. Ist (1.17) kleiner oder gleich Null, so sind alle Größen (1.12) nicht positiv. Ist (1.17) positiv, so ist die gegebene Basislösung von (1.8) nicht optimal, und $\lambda^k_{p'}$ ist eine mögliche neue Basisvariable.

(ii) Besitzt das primale Teilprogramm $P_k(\tilde{\underline{y}}^{K+1})$ eine unbeschränkte Lösung, so existiert ein $q' \in Q^k$ mit

$$(\underline{c}^k - \underline{B}^{kT}\tilde{\underline{y}}^{K+1})^T \underline{x}^k_{q'} > 0.$$

Die gegebene Basislösung von (1.8) ist also nicht optimal, und $\mu^k_{q'}$ ist eine mögliche neue Basisvariable.

Falls also bei keinem der K primalen Teilprogramme eine mögliche neue Basisvariable ermittelt wurde, so ist die gegebene Basislösung von (1.8) optimal. Nach dem Dekompositionsprinzip ist (1.9) mit $\hat{\lambda}^k_p = \tilde{\lambda}^k_p$ $(p \in P^k)$ und $\hat{\mu}^k_q = \tilde{\mu}^k_q$ $(q \in Q^k)$ $(k = 1,\dots,K)$ eine optimale Lösung des strukturierten Problems (1.1). Das Verfahren ist beendet.

Ist die gegebene optimale Basislösung des nicht strukturierten Problems (1.8) eindeutig, so ist (1.9) ebenfalls eine Basislösung von (1.1). Besitzt (1.8) jedoch mehrere optimale Lösungen, so kann (1.9) eine Nichtbasislösung von (1.1) sein. GONCALVES[1] hat ein Kriterium bewiesen, wann (1.9) eine Basislösung darstellt. Bei GONCALVES findet man auch ein Beispiel, in dem (1.9) keine Basislösung ist.

Ist die gegebene Basislösung von (1.8) nicht optimal, so wird eine der möglichen neuen Basisvariablen $\lambda_{p'}^{k}$, bzw. $\mu_{q'}^{k}$ (k = 1,...,K) ausgewählt. Hierzu wird das Maximum der Werte

$$(\underline{c}^{k} - \underline{B}^{kT}\tilde{\underline{y}}^{K+1})^{T}\underline{x}_{p'}^{k} - \tilde{v}^{k}$$

$$(\underline{c}^{k} - \underline{B}^{kT}\tilde{\underline{y}}^{K+1})^{T}\underline{x}_{q'}^{k}$$

$$(k = 1,\ldots,K)$$

bestimmt. Wird dieses Maximum für $k' \in \{1,\ldots,K\}$ angenommen, so wird versucht $\lambda_{p'}^{k'}$ bzw. $\mu_{q'}^{k'}$ neu in die Basis aufzunehmen. Hierzu wird das folgende Hauptprogramm, das als Variablen nur die gegebenen Basisvariablen und zusätzlich $\lambda_{p'}^{k'}$ bzw. $\mu_{q'}^{k'}$ enthält, gelöst. Der Spaltenvektor $\underline{B}^{k'}\underline{x}_{p'}^{k'}$ bzw. $\underline{B}^{k'}\underline{x}_{q'}^{k'}$ der Koeffizientenmatrix und der Koeffizient $\underline{c}^{k'T}\underline{x}_{p'}^{k'}$ bzw. $\underline{c}^{k'T}\underline{x}_{q'}^{k'}$ der Zielfunktion berechnen sich aus $\underline{x}_{p'}^{k'}$ bzw. $\underline{x}_{q'}^{k'}$. Das Hauptprogramm lautet,

maximiere

$$z = \sum_{k=1}^{K} \Big(\sum_{p \in \tilde{P}^{k}} \underline{c}^{kT}\underline{x}_{p}^{k}\,\lambda_{p}^{k} + \sum_{q \in \tilde{Q}^{k}} \underline{c}^{kT}\underline{x}_{q}^{k}\,\mu_{q}^{k}\Big) + \underline{c}^{k'T}\underline{x}_{p'}^{k'}\,\lambda_{p'}^{k'}$$

unter den Nebenbedingungen (1.18)

$$\sum_{k=1}^{K} \Big(\sum_{p \in \tilde{P}^{k}} \underline{B}^{k}\underline{x}_{p}^{k}\,\lambda_{p}^{k} +$$

---

[1] Vgl. GONCALVES [1968].

$$\sum_{q \in \tilde{Q}^k} \underline{B}^k \underline{x}_q^k \mu_q^k) + \underline{B}^{k'} \underline{x}_{p'}^{k'} \lambda_{p'}^{k'} = \underline{b}^{K+1}$$

$$\sum_{p \in \tilde{P}^k} \lambda_p^k = 1 \quad (k \in \{1,\ldots,K\},\ k \neq k')$$

$$\sum_{p \in \tilde{P}^{k'}} \lambda_p^{k'} + \lambda_{p'}^{k'} = 1$$

$$\lambda_p^k \geq 0 \ (p \in \tilde{P}^k),\ \mu_q^k \geq 0 \ (q \in \tilde{Q}^k)$$

$$(k = 1,\ldots,K),\ \lambda_{p'}^{k'} \geq 0$$

bzw.

maximiere

$$z = \sum_{k=1}^{K} \Big(\sum_{p \in \tilde{P}^k} \underline{c}^{kT} \underline{x}_p^k \lambda_p^k +$$

$$\sum_{q \in \tilde{Q}^k} \underline{c}^{kT} \underline{x}_q^k \mu_q^k \Big) + \underline{c}_{q'}^{k'T} \underline{x}_{q'}^{k'} \mu_{q'}^{k'}$$

unter den Nebenbedingungen (1.19)

$$\sum_{k=1}^{K} \Big(\sum_{p \in \tilde{P}^k} \underline{B}^k \underline{x}_p^k \lambda_p^k +$$

$$\sum_{q \in \tilde{Q}^k} \underline{B}^k \underline{x}_q^k \mu_q^k \Big) + \underline{B}^{k'} \underline{x}_{q'}^{k'} \mu_{q'}^{k'} = \underline{b}^{K+1}$$

$$\sum_{p \in \tilde{P}^k} \lambda_p^k = 1 \qquad (k = 1,\ldots,K)$$

$$\lambda_p^k \geq 0 \ (p \in \tilde{P}^k),\ \mu_q^k \geq 0 \ (q \in \tilde{Q}^k)$$

$$(k = 1,\ldots,K),\ \mu_{q'}^{k'} \geq 0.$$

Besitzt das Hauptprogramm (1.18) bzw. (1.19) eine unbeschränkte Lösung, so besitzt (1.8) und damit nach dem Dekompositionsprinzip auch (1.1) eine unbeschränkte Lösung. Der Algorithmus wird beendet. Ist anderenfalls

$$\tilde{\tilde{\lambda}}_{p'}^{k'},\ \tilde{\tilde{\lambda}}_p^k \ (p \in \tilde{P}^k)$$

$$\tilde{\tilde{\mu}}_q^k \ (q \in \tilde{Q}^k) \qquad (k = 1,\ldots,K)$$

bzw.

$$\tilde{\tilde{\mu}}^{k'}_{q'}\ ,\ \tilde{\tilde{\lambda}}^{k}_{p}\ (p \in \tilde{P}^{k})$$

$$\tilde{\tilde{\mu}}^{k}_{q}\ (q \in \tilde{Q}^{k}) \qquad (k = 1,\ldots,K)$$

eine optimale Lösung des Hauptprogramms (1.18) bzw. (1.19), so erhält man hieraus eine neue bessere zulässige Basislösung

$$\tilde{\tilde{\lambda}}^{k}_{p}\ (p \in P^{k}),\ \tilde{\tilde{\mu}}^{k}_{q}\ (q \in Q^{k}) \qquad (k = 1,\ldots,K), \tag{1.20}$$

von (1.8), indem man allen Variablen, die nicht im Hauptprogramm auftreten, den Wert Null zuordnet. Die Basisvariable, die gegen die neu in die Basis aufgenommene Variable ausgetauscht wurde, wird weiter nicht beachtet. Mit der neuen Basislösung (1.20) mit den Basisvariablen

$$\lambda^{k}_{p}\ (p \in \tilde{\tilde{P}}^{k}),\ \mu^{k}_{q}\ (q \in \tilde{\tilde{Q}}^{k}) \qquad (k = 1,\ldots,K)$$

wird ein neuer Iterationsschritt durchgeführt. Wie bei der Simplexmethode endet das Verfahren nach endlich vielen Iterationen.

Die DANTZIG-WOLFEsche Dekompositionsmethode, bei der das nicht strukturierte Programm (1.8) mit Hilfe einer Modifikation der primalen Simplexmethode gelöst wird, wird im Unterschied zur dualen und primalen-dualen Dekompositionsmethode[1] auch

---

[1] Zur dualen Dekompositionsmethode vgl. ABADIE-WILLIAMS [1963] und LEMKE-POWERS [1961], und zur primalen-dualen Dekompositionsmethode vgl. BELL [1966].

als primale Dekompositionsmethode bezeichnet. Bei der dualen und primalen-dualen Dekompositionsmethode wird auch von dem strukturierten Problem (1.1) ausgegangen, das ebenfalls zuerst in das nicht strukturierte Problem (1.8) transformiert wird. Die Lösung von (1.8) erfolgt aber dann mit Hilfe einer Modifikation der dualen bzw. primalen-dualen Simplexmethode. Da hierbei als Unterprogramme lineare Quotientenprogramme zu lösen sind, sind diese für die Anwendung weniger geeignetet und nach der in der Einleitung gegebenen Abgrenzung nicht als lineare Dekompositionsverfahren zu bezeichnen. Es soll darum auf diese Verfahren nicht näher eingegangen werden. Die DANTZIG-WOLFEsche Dekompositionsmethode ist das wohl am meisten angewandte Dekompositionsverfahren. Da diese Anwendungsmöglichkeiten für die Theorie der linearen Dekomposition weniger interessant sind, wird auf ihre Behandlung ebenfalls verzichtet[1].

1.1.2. Die Partitionsmethode von BENDERS

Es wird von einem blockdiagonalen linearen Programm mit verbindenden Variablen ausgegangen, d.h. von dem folgenden zu (1.1) dualen strukturierten Programm,

---

[1] Zur Übertragung der primalen Dekompositionsmethode auf die lineare Intervallprogrammierung vgl. BEN-ISRAEL - ROBERS [1969/70] und auf die nichtlineare Programmierung vgl. RUTENBERG [1969/70] und WHINSTON [1964] und [1966]. Zur Anwendung der primalen Dekompositionsmethode bei der Behandlung von speziellen Problemen der Unternehmensforschung vgl. LAMBERSON-HOCKING [1969/70]; PARIKA [1966]; RUSSELL [1970]; TOMLIN [1966] und WILLIAMS [1962].

minimiere

$$Z = \sum_{k=1}^{K+1} \underline{b}^{kT} \underline{y}^k$$

unter den Nebenbedingungen (1.21)

$$\begin{array}{llll} \underline{A}^{1T}\underline{y}^1 & & + \underline{B}^{1T}\underline{y}^{K+1} & \geq \underline{c}^1 \\ & \underline{A}^{2T}\underline{y}^2 & + \underline{B}^{2T}\underline{y}^{K+1} & \geq \underline{c}^2 \\ & \ddots & \vdots & \vdots \\ & \underline{A}^{KT}\underline{y}^K & + \underline{B}^{KT}\underline{y}^{K+1} & \geq \underline{c}^K. \end{array}$$

In (1.21) enthält jede Nebenbedingung die Variablen $\underline{y}^k$ und $\underline{y}^{K+1}$, und zwar für genau ein $k \in \{1,\ldots,K\}$. Wie das Programm (1.1) zerfällt auch (1.21) in K unabhängige Teilprogramme, falls $\underline{B}^k$ $(k = 1,\ldots,K)$ Nullmatrizen und $\underline{b}^{K+1} = \underline{o}$ sind. Da also diese Teilprogramme durch die Variablen $\underline{y}^{K+1}$ miteinander verbunden sind, heißt (1.21) ein blockdiagonales lineares Programm mit verbindenden Variablen.

Die Methode von BENDERS wurde ursprünglich zur Lösung des folgenden 'semilinearen' Programms (bei festgehaltenem $\underline{y}^2$ ist (1.22) ein lineares Programm) entwickelt[1],

minimiere

$$\dot{z} = \underline{b}^{1T}\underline{y}^1 + b^2(\underline{y}^2)$$

unter den Nebenbedingungen (1.22)

$$\begin{array}{ll} \underline{A}^T\underline{y}^1 + \underline{B}(\underline{y}^2) & \geq \underline{c} \\ \underline{y}^2 & \in S. \end{array}$$

Hierbei seien $\underline{A}$ eine $(m_1 \times n)$-Matrix, $\underline{B} : \mathbb{R}^{m_2} \to \mathbb{R}^n$,

---

[1] Vgl. BENDERS [1962].

$\underline{y}^1$, $\underline{b}^1 \in \mathbb{R}^{m_1}$, $\underline{y}^2 \in \mathbb{R}^{m_2}$, $b^2 : \mathbb{R}^{m_2} \to \mathbb{R}$, $\underline{c} \in \mathbb{R}^n$ und S eine beschränkte und abgeschlossene oder eine endliche Teilmenge des $\mathbb{R}^{m_2}$. Speziell läßt sich die Partitionsmethode von BENDERS zur Lösung 'semilinearer' gemischt ganzzahliger Programmierungsprobleme benutzen, imdem man für S eine Teilmenge des $\mathbb{N}^{m_2}$ wählt.

Inzwischen wurde die BENDERSsche Methode auch auf allgemeinere nichtlineare Programme erweitert. Beim Verfahren von METZ, HOWARD und WILLIAMSON[1] wird das nichtlineare Programm zuerst in ein gemischt ganzzahliges lineares Programm transformiert, indem alle nichtlinearen Funktionen des Programms stückweise linear approximiert werden. Auf das gemischt ganzzahlige Programm wird dann die Partitionsmethode von BENDERS angewandt. Ein zweites Verfahren stammt von GEOFFRION[2]. Es ist eine echte Verallgemeinerung der BENDERSschen Methode und liefert eine exakte Lösung eines nichtlinearen Programms.

Hier soll die Partitionsmethode von BENDERS auf das strukturierte Programm (1.21) mit der zusätzlichen Beschränkung $\underline{y}^{K+1} \in S$ mit

$$S := \{\underline{y}^{K+1} \in \mathbb{R}^{m_{K+1}} \mid \underline{c}' \leq \underline{y}^{K+1} \leq \underline{c}''\}$$

$$(\underline{c}', \underline{c}'' \in \mathbb{R}^{m_{K+1}}, \ \underline{c}' \leq \underline{c}'')$$

übertragen werden[3], d.h., es wird das folgende strukturierte lineare Programm betrachtet,

---

1 Vgl. METZ-HOWARD-WILLIAMSON [1966].

2 Vgl. GEOFFRION [1970a].

2 Vgl. KÜNZI-TAN [1966], S. 81 ff. und TAN [1966], S. 175 ff.

minimiere

$$Z = \sum_{k=1}^{K+1} \underline{b}^{kT}\underline{y}^{k}$$

unter den Nebenbedingungen (1.23)

$$\underline{A}^{kT}\underline{y}^{k} + \underline{B}^{kT}\underline{y}^{K+1} \geq \underline{c}^{k}$$

$$\underline{y}^{K+1} \in S \quad (k = 1,\ldots,K).$$

Während KÜNZI und TAN von dem Programm (1.11) ausgehen[1], soll hier ähnlich wie beim Verfahren von BENDERS vorgegangen werden. Im Anschluß an die Darstellung des Verfahrens wird dieses dann mit dem Verfahren von DANTZIG und WOLFE verglichen, insbesondere wird gezeigt, daß die beiden Verfahren zueinander dual sind.

1.1.2.1. Ein Zerlegungssatz für allgemeine lineare Programme

Bevor das Dekompositionsverfahren für das Programm (1.23) entwickelt wird, soll zuerst ein allgemeiner Zerlegungssatz formuliert und bewiesen werden, der dann anschließend beim Beweis des Partitionstheorems von BENDERS benutzt wird. Auch im zweiten und dritten Kapitel wird mehrmals auf diesen Satz zurückgegriffen.

Bei dem Zerlegungssatz wird von dem folgenden allgemeinen linearen Programm ausgegangen,

minimiere

$$Z = \underline{b}^{1T}\underline{y}^{1} + \underline{b}^{2T}\underline{y}^{2}$$

unter den Nebenbedingungen (1.24)

$$\underline{A}^{T}\underline{y}^{1} + \underline{B}^{T}\underline{y}^{2} \geq \underline{c},$$

---

[1] Vgl. KÜNZI-TAN [1966], S. 81 ff. und TAN [1966], S. 175 ff.

mit $\underline{A}$ eine $(m_1 \times n)$-Matrix, $\underline{B}$ eine $(m_2 \times n)$-Matrix, $\underline{y}^k$, $\underline{b}^k \in \mathbb{R}^{m_k}$ $(k = 1,2)$ und $\underline{c} \in \mathbb{R}^n$.

Weiter wird die folgende Bezeichnung benötigt,

$$Y^2 := \{\underline{y}^2 \in \mathbb{R}^{m_2} \mid \min \{\underline{b}^{1T}\underline{y}^1 \mid \underline{A}^T\underline{y}^1 \geq \underline{c} - \underline{B}^T\underline{y}^2\} \text{ existiert}\}.$$

Satz 1.3 (Zerlegungssatz)[1]

Das folgende doppelte Optimierungsproblem,

$$\min_{\underline{y}^2 \in Y^2} \{\underline{b}^{2T}\underline{y}^2 + \min \{\underline{b}^{1T}\underline{y}^1 \mid \underline{A}^T\underline{y}^1 \geq \underline{c} - \underline{B}^T\underline{y}^2\}\}, \qquad (1.25)$$

und das lineare Programm (1.24) sind äquivalent. †

Im Beweis ist zu zeigen, daß das Programm (1.24) genau dann eine optimale Lösung besitzt, wenn (1.25) eine optimale Lösung besitzt, und daß die optimalen Zielfunktionswerte von (1.24) und (1.25), die mit $\hat{Z}$ und $\tilde{Z}$ bezeichnet werden sollen, übereinstimmen.

(i) $\hat{\underline{y}}^1, \hat{\underline{y}}^2$ sei eine optimale Lösung von (1.24).

Es folgt

$$\underline{b}^{1T}\hat{\underline{y}}^1 = \min \{\underline{b}^{1T}\underline{y}^1 \mid \underline{A}^T\underline{y}^1 \geq \underline{c} - \underline{B}^T\hat{\underline{y}}^2\},$$

d.h. $\hat{\underline{y}}^2 \in Y^2$ und

$$\hat{Z} = \underline{b}^{2T}\hat{\underline{y}}^2 + \min \{\underline{b}^{1T}\underline{y}^1 \mid \underline{A}^T\underline{y}^1 \geq \underline{c} - \underline{B}^T\hat{\underline{y}}^2\}.$$

---

[1] Vgl. DINKELBACH-HAGELSCHUER [1969], S. 87 ff. Zur Verallgemeinerung dieses Satzes auf nichtlineare Programme vgl. GEOFFRION [1969/70a], S. 658 ff., [1970a], S. 6 und [1970b], S. 379 f.

Andererseits folgt für $\underline{y}^2 \in Y^2$

$$\hat{Z} \leq \underline{b}^{2T}\underline{y}^2 +$$

$$\min \{\underline{b}^{1T}\underline{y}^1 \mid \underline{A}^T\underline{y}^1 \geq \underline{c} - \underline{B}^T\underline{y}^2\}.$$

$\hat{\underline{y}}^1$, $\hat{\underline{y}}^2$ ist also eine optimale Lösung von (1.25) und es gilt $\hat{Z} = \tilde{Z}$.

(ii) $\tilde{\underline{y}}^1$, $\tilde{\underline{y}}^2$ sei eine optimale Lösung von (1.25). Da somit das lineare Programm (1.24) eine zulässige Lösung besitzt, folgt, daß entweder (1.24) eine optimale Lösung hat oder daß eine Folge von zulässigen Lösungen

$$\underline{y}_i^1, \underline{y}_i^2 \quad (i \in \mathbb{N})$$

von (1.24) existiert, so daß die Folge der zugehörigen Zielfunktionswerte von (1.24) monoton gegen $-\infty$ konvergiert.

Im ersten Fall besitzt also (1.24) eine optimale Lösung, und nach (i) folgt $\hat{Z} = \tilde{Z}$. $\tilde{\underline{y}}^1$, $\tilde{\underline{y}}^2$ ist folglich eine optimale Lösung von (1.24).

Im zweiten Fall wird mit X der zulässige Bereich des zur inneren Minimierungsaufgabe von (1.25) dualen Programms,

maximiere

$$z = (\underline{c} - \underline{B}^T\underline{y}^2)^T\underline{x}$$

unter den Nebenbedingungen

$$\underline{A}\,\underline{x} = \underline{b}^1$$

$$\underline{x} \geq \underline{o},$$

bezeichnet, und es werden die beiden folgenden Unterfälle unterschieden.

(iia) Es sei $X \neq \emptyset$.
Da $\underline{y}_i^1$, $\underline{y}_i^2$ zulässige Lösungen von (1.24) sind, sind $\underline{y}_i^1$ zulässige Lösungen der inneren Minimierungsaufgaben von (1.25) mit $\underline{y}^2 = \underline{y}_i^2$ ($i \in \mathbb{N}$). Da andererseits der dualzulässige Bereich X dieser linearen Programme auf Grund der Annahme nicht leer ist, folgt aus dem Existenzsatz der Dualitätstheorie, daß diese inneren Minimierungsprobleme eine optimale Lösung besitzen, d.h. $\underline{y}_i^2 \in Y^2$ für alle $i \in \mathbb{N}$. Es folgt also für alle $i \in \mathbb{N}$

$$\underline{b}^{1T}\underline{y}_i^1 + \underline{b}^{2T}\underline{y}_i^2 \geq \underline{b}^{2T}\underline{y}_i^2 + \min \{\underline{b}^{1T}\underline{y}^1 \mid \underline{A}^T\underline{y}^1 \geq \underline{c} - \underline{B}^T\underline{y}_i^2\}.$$

Da die Folge $\underline{b}^{1T}\underline{y}_i^1 + \underline{b}^{2T}\underline{y}_i^2$ ($i \in \mathbb{N}$) gegen $-\infty$ konvergiert, besitzt das Programm (1.25) im Widerspruch zu der in (ii) gemachten Annahme keine optimale Lösung.

(iib) Es sei $X = \emptyset$.
Aus dem Unbeschränktheitssatz der Dualitätstheorie der linearen Programmierung folgt ähnlich wie im Fall (iia), daß im Widerspruch zur Annahme (ii) $Y^2 = \emptyset$ gilt. ††

1.1.2.2. Das Partitionstheorem von BENDERS

Zuerst wird - ähnlich wie beim Verfahren von DANTZIG und WOLFE - das strukturierte lineare Programm (1.23) in ein äquivalentes nicht strukturiertes lineares Programm transformiert. Dies ist der Inhalt des sogenannten Partitionstheorems. Um den Beweis dieses Theorems durchsichtiger zu gestalten, werden zuerst einige vorbereitende Lemmata bewiesen, in denen - ausgehend von dem gegebenen strukturierten linearen Programm (1.23) - äquivalente Programmtransformationen durchgeführt werden.

<u>Lemma 1.4</u>

Das strukturierte lineare Programm (1.23) und das folgende lineare Programm,

minimiere

$$Z = \sum_{k=1}^{K} v^k + (\underline{b}^{K+1})^T \underline{y}^{K+1}$$

unter den Nebenbedingungen (1.26)

$$\begin{aligned} -\underline{b}^{kT}\underline{y}^k + v^k &\geq 0 \\ \underline{A}^{kT}\underline{y}^k + \underline{B}^{kT}\underline{y}^{K+1} &\geq \underline{c}^k \\ \underline{y}^{K+1} \in S \quad (k = 1,\dots,K), \end{aligned}$$

sind zueinander äquivalent. †

Zum Beweis sei bemerkt, daß man (1.26) mit Hilfe der Substitution

$$v^k = \underline{b}^{kT}\underline{y}^k \qquad (k = 1,\dots,K) \tag{1.27}$$

aus (1.23) erhält. Zwischen den optimalen Lösungen von (1.23) und (1.26) besteht also die Beziehung (1.27). ††

Um nun das lineare Programm (1.26) äquivalent zu transformieren, wird auf (1.26) der Zerlegungssatz angewandt, und zwar mit $\underline{y}^1 = (\underline{y}^{1T},\dots,\underline{y}^{KT})^T$ und $\underline{y}^2 = ((\underline{y}^{K+1})^T, v^1,\dots,v^K)^T$. Hierzu bezeichne $\underline{v}^T := (v^1,\dots,v^K)$, $\underline{y}_e^{K+1}$ den um $\underline{v}$ erweiterten Vektor $\underline{y}^{K+1}$, d.h. $\underline{y}_e^{K+1} := ((\underline{y}^{K+1})^T, \underline{v}^T)^T$, und

$$Y_e^{K+1} := \{\underline{y}_e^{K+1} \in R^{m_{K+1}+K} \mid \min \{ \sum_{k=1}^{K} \underline{o}^T \underline{y}^k \mid \left. \begin{array}{l} -\underline{b}^{kT} \underline{y}^k \geq - v^k \\ \underline{A}^{kT} \underline{y}^k \geq \underline{c}^k - \underline{B}^{kT} \underline{y}^{K+1} \\ \qquad (k = 1,\ldots,K) \end{array} \right\}$$

$$\text{existiert}, \ \underline{y}^{K+1} \in S\}. \tag{1.28}$$

Y_e^{K+1} ist also die Gesamtheit der Vektoren $\underline{y}_e^{K+1}$, für die Vektoren $\underline{y}^k$ $(k = 1,\ldots,K)$ existieren, so daß $\underline{y}^k$ $(k = 1,\ldots,K)$, $\underline{y}^{K+1}$, $\underline{v}$ eine zulässige Lösung von (1.26) ist.

Wendet man auf das Programm (1.26) den Zerlegungssatz an, so erhält man das folgende Lemma.

<u>Lemma 1.5</u>

Das lineare Programm (1.26) und die Minimierungsaufgabe,

minimiere

$$Z = \sum_{k=1}^{K} v^k + (\underline{b}^{K+1})^T \underline{y}^{K+1}$$

unter den Nebenbedingungen

$$\underline{y}_e^{K+1} \in Y_e^{K+1},$$

sind äquivalent.

Ist $\hat{\underline{y}}_e^{K+1}$ eine optimale Lösung dieser Minimierungsaufgabe, so besitzen für $k = 1,\ldots,K$ die dualen Teilprogramme $D_k(\underline{y}^{K+1})$,

minimiere

$$Z = \underline{b}^{kT}\underline{y}^k$$

unter den Nebenbedingungen (1.29)

$$\underline{A}^{kT}\underline{y}^k \geq \underline{c}^k - \underline{B}^{kT}\underline{y}^{K+1},$$

mit $\underline{y}^{K+1} = \hat{\underline{y}}^{K+1}$ eine optimale Lösung $\hat{\underline{y}}^k$, und

$$\hat{\underline{y}}^k \ (k = 1,\ldots,K),\ \hat{\underline{y}}^{K+1},\ \hat{\underline{v}}$$

ist eine optimale Lösung von (1.26). †

Es ist nur noch der zweite Teil des Satzes zu beweisen. Da nach Lemma 1.4 die Programme (1.23) und (1.26) äquivalent sind, gilt

$$\sum_{k=1}^{K} \hat{v}^k + (\underline{b}^{K+1})^T\hat{\underline{y}}^{K+1} = (\underline{b}^{K+1})^T\hat{\underline{y}}^{K+1} + \min \left\{ \sum_{k=1}^{K} \underline{b}^{kT}\underline{y}^k \;\middle|\; \begin{array}{l} \underline{A}^{kT}\underline{y}^k \geq \underline{c}^k - \underline{B}^{kT}\hat{\underline{y}}^{K+1} \\ (k = 1,\ldots,K) \end{array} \right\}$$

$$= (\underline{b}^{K+1})^T\hat{\underline{y}}^{K+1} + \sum_{k=1}^{K} \min \{\underline{b}^{kT}\underline{y}^k \mid \underline{A}^{kT}\underline{y}^k \geq \underline{c}^k - \underline{B}^{kT}\hat{\underline{y}}^{K+1}\},$$

woraus die zweite Behauptung folgt. ††

Das Ziel der folgenden Überlegungen ist es, die algebraische Darstellung des zulässigen Bereichs Y_e^{K+1} der Minimierungsaufgabe des Lemmas 1.5 zu vereinfachen. Da die bei der Definition von Y_e^{K+1} benutzte Minimierungsaufgabe in K Teilprogramme zerfällt, gilt

$$Y_e^{K+1} = \{\underline{y}_e^{K+1} \in \mathbb{R}^{m_{K+1}+K} \mid \min \{\underline{o}^T \underline{y}^k \mid \left.\begin{array}{l} -\underline{b}^{kT}\underline{y}^k \geq -v^k \\ \underline{A}^{kT}\underline{y}^k \geq \underline{c}^k - \underline{B}^{kT}\underline{y}^{K+1} \end{array}\right\}$$

$$\text{für } k = 1,\ldots,K \text{ existiert}, \ \underline{y}^{K+1} \in S\}.$$

Indem man zu den dualen Programmen übergeht, folgt hieraus

$$Y_e^{K+1} = \{\underline{y}_e^{K+1} \in \mathbb{R}^{m_{K+1}+K} \mid$$

$$\max \{-v^k u^k + (\underline{c}^k - \underline{B}^{kT}\underline{y}^{K+1})^T \underline{x}^k \mid \left.\begin{array}{l} -\underline{b}^k u^k + \underline{A}^k \underline{x}^k = \underline{o} \\ u^k \geq 0, \ \underline{x}^k \geq \underline{o} \end{array}\right\}$$

$$\text{für } k = 1,\ldots,K \text{ existiert}, \ \underline{y}^{K+1} \in S\}. \tag{1.30}$$

Um nun Y_e^{K+1} durch Ungleichungen zu charakterisieren, bezeichne für $k = 1,\ldots,K$ X_e^k den zulässigen Bereich des k-ten Maximierungsproblems von (1.30), d.h.

$$X_e^k := \{\underline{x}_e^k := (\underline{x}^{kT}, u^k)^T \in \mathbb{R}^{n_k+1} \mid \left.\begin{array}{l} -\underline{b}^k u^k + \underline{A}^k \underline{x}^k = \underline{o} \\ u^k \geq 0, \ \underline{x}^k \geq \underline{o} \end{array}\right\}$$

$$(k = 1,\ldots,K).$$

Hiermit erhält man das folgende Lemma.

Lemma 1.6

Für Y_e^{K+1} gilt

$$Y_e^{K+1} = \{\underline{y}_e^{K+1} \in \mathbb{R}^{m_{K+1}+K} \mid -v^k u^k + (\underline{c}^k - \underline{B}^{kT}\underline{y}^{K+1})^T \underline{x}^k \leq 0 \text{ für alle } \underline{x}_e^k \in X_e^k \ (k = 1,\ldots,K),\ \underline{y}^{K+1} \in S\}. \dagger$$

(i) Zum Beweis sei zuerst $\underline{y}_e^{K+1} \in Y_e^{K+1}$. Angenommen, es gibt ein $k' \in \{1,\ldots,K\}$ und ein $\tilde{\underline{x}}_e^{k'} \in X_e^{k'}$ mit

$$-v^{k'}\tilde{u}^{k'} + (\underline{c}^{k'}-\underline{B}^{k'T}\underline{y}^{K+1})^T\tilde{\underline{x}}^{k'} > 0.$$

Da für alle $\lambda > 0$ auch $\lambda\tilde{\underline{x}}_e^{k'} \in X_e^{k'}$, folgt hieraus, daß die k'-te Maximierungsaufgabe in (1.30) eine unbeschränkte Lösung besitzt. Dies ist aber wegen $\underline{y}_e^{K+1} \in Y_e^{K+1}$ nicht möglich.

(ii) Jetzt sei für alle $\underline{x}_e^k \in X_e^k$ $(k = 1,\ldots,K)$

$$-v^k u^k + (\underline{c}^k-\underline{B}^{kT}\underline{y}^{K+1})^T\underline{x}^k \leq 0.$$

Es folgt, daß alle Maximierungsprobleme in (1.30) eine optimale Lösung besitzen, d.h., $\underline{y}_e^{K+1}$ ist aus Y_e^{K+1}. $\dagger\dagger$

Um die Darstellung von Y_e^{K+1} noch weiter zu vereinfachen, werden für $k = 1,\ldots,K$ endliche Systeme von erzeugenden Vektoren von X_e^k bestimmt, d.h., es werden für $k = 1,\ldots,K$ endlich viele Vektoren aus X_e^k angegeben, mit der Eigenschaft, daß sich jedes Element aus X_e^k als positive Linearkombination dieser Vektoren darstellen läßt. Diese erzeugenden Vektoren werden für $k = 1,\ldots,K$ aus der Gesamtheit der zulässigen Basislösungen $\underline{x}_p^k$ $(p \in P^k)$ und einem System von Extremalstrahlen $\underline{x}_q^k$ $(q \in Q^k)$ von

$$\underline{A}^k \underline{x}^k = \underline{b}^k$$

$$\underline{x}^k \geq \underline{o} \qquad (1.5)$$

abgeleitet (vgl.(1.6)). Mit den Bezeichnungen

$$\underline{x}_{ep}^k := (\underline{x}_p^{kT}, 1)^T \qquad (p \in P^k)$$

und (1.31)

$$\underline{x}_{eq}^k := (\underline{x}_q^{kT}, 0)^T \qquad (q \in Q^k)$$

$$(k = 1,\ldots,K)$$

erhält man Systeme von erzeugenden Vektoren von X_e^k $(k = 1,\ldots,K)$, wie im folgenden Lemma gezeigt wird.

<u>Lemma 1.7</u>

Für $k = 1,\ldots,K$ bilden die Vektoren (1.31) ein System von erzeugenden Vektoren von X_e^k. †

Da für $k = 1,\ldots,K$ $\underline{x}_p^k$ $(p \in P^k)$ bzw. $\underline{x}_q^k$ $(q \in Q^k)$ zulässige Basislösungen bzw. Extremalstrahlen von (1.5) sind, gehören die Vektoren (1.31) offenbar zu X_e^k.

Ist jetzt für ein $k \in \{1,\ldots,K\}$ $\underline{x}_e^k \in X_e^k$ gegeben, so ist $\underline{x}_e^k = (\underline{x}^{kT}, u^k)^T$ als positive Linearkombination der Vektoren (1.31) darzustellen. Es werden die beiden folgenden Fälle unterschieden.

(i) Es sei $u^k > 0$.
Setzt man

$$\underline{x}'^k := \frac{1}{u^k} \underline{x}^k,$$

so ist $\underline{x}'^k$ eine zulässige Lösung von (1.5), und $\underline{x}'^k$

läßt sich nach dem Darstellungssatz in der Form

$$\underline{x}'^k = \sum_{p\varepsilon P^k} \lambda'^k_p \, \underline{x}^k_p + \sum_{q\varepsilon Q^k} \mu'^k_q \, \underline{x}^k_q$$

mit $\sum_{p\varepsilon P^k} \lambda'^k_p = 1$, $\lambda'^k_p \geq 0$ $(p\varepsilon P^k)$, $\mu'^k_q \geq 0$ $(q\varepsilon Q^k)$ darstellen (vgl. (1.7)). Setzt man

$$\lambda^k_p := u^k \lambda'^k_p \; (p \; \varepsilon \; P^k) \text{ und } \mu^k_q := u^k \mu'^k_q \; (q\varepsilon Q^k),$$

so erhält man

$$\underline{x}^k = \sum_{p\varepsilon P^k} \lambda^k_p \, \underline{x}^k_p + \sum_{q\varepsilon Q^k} \mu^k_q \, \underline{x}^k_q \qquad (1.32)$$

mit $\sum_{p\varepsilon P^k} \lambda^k_p = u^k$.

(ii) Es sei $u^k = 0$.

Da also jetzt $\underline{A}^k \underline{x}^k = \underline{o}$, $\underline{x}^k \geq \underline{o}$ gilt, existieren $\mu^k_q \geq 0$ $(q \; \varepsilon \; Q^k)$, so daß sich $\underline{x}^k$ in der Form

$$\underline{x}^k = \sum_{q\varepsilon Q^k} \mu^k_q \underline{x}^k_q$$

darstellen läßt. Setzt man $\lambda^k_p = 0$ $(p \; \varepsilon \; P^k)$, so ergibt sich auch im zweiten Fall für $\underline{x}^k$ eine Darstellung der Form (1.32), und zwar wieder mit

$$\sum_{p\varepsilon P^k} \lambda^k_p = u^k.$$

Folglich findet man für $\underline{x}^k_e$ die Darstellung

$$\underline{x}^k_e = \sum_{p\varepsilon P^k} \lambda^k_p \, \underline{x}^k_{ep} + \sum_{q\varepsilon Q^k} \mu^k_q \, \underline{x}^k_{eq}. \; \dagger\dagger$$

Nach diesen vorbereitenden Lemmata kann nun das Partitionstheorem formuliert und bewiesen werden.

Satz 1.8 (Partitionstheorem)

Das strukturierte lineare Programm (1.23) und das lineare Programm,

minimiere

$$Z = \sum_{k=1}^{K} v^k + (\underline{b}^{K+1})^T \underline{y}^{K+1}$$

unter den Nebenbedingungen (1.33)

$$\underline{y}_e^{K+1} = ((\underline{y}^{K+1})^T, \underline{v}^T)^T \in Y_e^{K+1},$$

mit

$$Y_e^{K+1} = \{\underline{y}_e^{K+1} \in \mathbb{R}^{m_{K+1}+K} \mid$$

$$\left.\begin{array}{ll} -v^k + (\underline{c}^k - \underline{B}^{kT} \underline{y}^{K+1})^T \underline{x}_p^k \leq 0 & (p \in P^k) \\ (\underline{c}^k - \underline{B}^{kT} \underline{y}^{K+1})^T \underline{x}_q^k \leq 0 & (q \in Q^k) \\ (k = 1,\ldots,K),\ \underline{y}^{K+1} \in S & \end{array}\right\}$$

sind äquivalent.

Ist $\hat{\underline{y}}_e^{K+1}$ eine optimale Lösung von (1.33), so besitzen die dualen Teilprogramme $D_k(\hat{\underline{y}}^{K+1})$ optimale Lösungen $\hat{\underline{y}}^k$ $(k = 1,\ldots,K)$, und

$$\hat{\underline{y}}^k \quad (k = 1,\ldots,K+1)$$

ist eine optimale Lösung von (1.23). †

Nach Lemma 1.7 bilden die Vektoren (1.31) ein System von erzeugenden Vektoren von X_e^k $(k = 1,\ldots,K)$. Y_e^{K+1} läßt sich also nach Lemma 1.6 in der im Partitionstheorem benutzten Form darstellen. Aus den Lemmata 1.5 und 1.4 folgt somit die behauptete Äquivalenz von (1.23) und (1.33).

Der zweite Teil des Partitionstheorems folgt unmittelbar aus den Lemmata 1.5 und 1.4. ††

1.1.2.3. Die Beschreibung des Lösungsalgorithmus

Beim Lösungsverfahren wird von dem nicht strukturierten linearen Programm (1.33) ausgegangen. Da es praktisch unmöglich ist, Y_e^{K+1} im voraus explizit zu beschreiben - hierzu müßte man für k = 1,...,K alle zulässigen Basislösungen und ein System von Extremalstrahlen von (1.5) bestimmen - , wird (1.33) mit Hilfe der Dekomposition gelöst. Da das nicht strukturierte Problem (1.33) sehr viele Nebenbedingungen enthält, wird in jedem Iterationsschritt nur ein Teil der Nebenbedingungen von (1.33) berücksichtigt. Es wird also in jedem Iterationsschritt zuerst ein Hauptprogramm, das weniger Nebenbedingungen als das Programm (1.33) enthält, gelöst. Mit Hilfe von K Teilprogrammen wird geprüft, ob die optimale Lösung des Hauptprogramms auch für das Programm (1.33) optimal ist. Ist dies nicht der Fall, so wird durch Hinzufügung neuer Nebenbedingungen ein neues Hauptprogramm definiert.

In jedem Iterationsschritt wird von einer Obermenge $\tilde{Y}_e^{K+1}$ von Y_e^{K+1}, die durch Indexmengen $\tilde{P}^k \subset P^k$ und $\tilde{Q}^k \subset Q^k$ (k = 1,...,K) bestimmt ist, ausgegangen, d.h. von

$$\tilde{Y}_e^{K+1} := \left\{ \underline{y}_e^{K+1} \in \mathbb{R}^{m_{K+1}+K} \;\middle|\; \begin{array}{r} -v^k + (\underline{c}^k - \underline{B}^{kT}\underline{y}^{K+1})^T \underline{x}_p^k \leq 0 \;(p \in \tilde{P}^k) \\ (\underline{c}^k - \underline{B}^{kT}\underline{y}^{K+1})^T \underline{x}_q^k \leq 0 \;(q \in \tilde{Q}^k) \\ (k = 1,\ldots,K),\; \underline{y}^{K+1} \in S \end{array} \right\}. \tag{1.34}$$

Es ist das folgende Hauptprogramm zu lösen,

minimiere

$$Z = \sum_{k=1}^{K} v^k + (\underline{b}^{K+1})^T \underline{y}^{K+1}$$

unter den Nebenbedingungen (1.35)

$$\underline{y}_e^{K+1} \in \tilde{Y}_e^{K+1}.$$

Hierbei werden die beiden folgenden Fälle unterschieden.

(i) Das Hauptprogramm (1.35) besitzt eine optimale Lösung

$$\tilde{\underline{y}}_e^{K+1} = ((\tilde{\underline{y}}^{K+1})^T, \tilde{\underline{v}}^T)^T.$$

Mit Hilfe des folgenden Kriteriums wird geprüft, ob $\tilde{\underline{y}}_e^{K+1}$ eine optimale Lösung des Programms (1.33) ist.

Satz 1.9 (Optimalitätskriterium)

Ist $\tilde{\underline{y}}_e^{K+1}$ eine optimale Lösung von (1.35), so ist $\tilde{\underline{y}}_e^{K+1}$ genau dann eine optimale Lösung von (1.33), wenn die dualen Teilprogramme $D_k(\tilde{\underline{y}}^{K+1})$ optimale Lösungen $\tilde{\underline{y}}^k$ (k = 1,...,K) besitzen und wenn für k = 1,...,K

$$\tilde{v}^k = \underline{b}^{kT}\tilde{\underline{y}}^k \tag{1.36}$$

gilt. †

Ist zum Beweis $\tilde{\underline{y}}_e^{K+1}$ eine optimale Lösung von (1.33), so folgt aus dem Partitionstheorem die Existenz von optimalen Lösungen $\tilde{\underline{y}}^k$ (k = 1,...,K) der Teilprogramme $D_k(\tilde{\underline{y}}^{K+1})$, und da weiter nach dem Partitionstheorem $\tilde{\underline{y}}^k$ (k = 1,...,K+1) eine optimale Lösung von (1.23) ist, folgt die Beziehung (1.36) aus (1.27).

Um die zweite Richtung der Behauptung zu beweisen, sei jetzt $\tilde{\underline{y}}_e^{K+1}$ eine optimale Lösung von (1.35) und es gelte (1.36). Es ist zu zeigen, daß $\tilde{\underline{y}}_e^{K+1}$ eine optimale Lösung von (1.33) ist. Da $\tilde{Y}_e^{K+1} \supset Y_e^{K+1}$, genügt es, $\tilde{\underline{y}}_e^{K+1} \in Y_e^{K+1}$ nachzuweisen. Hierzu wird auf die Definition von Y_e^{K+1} (vgl. (1.28)) zurückgegriffen. Da für k = 1,...,K $\tilde{\underline{y}}^k$ zulässige Lösungen der dualen Teilprogramme $D_k(\tilde{\underline{y}}^{K+1})$ sind, gilt

$$\underline{A}^{kT}\tilde{\underline{y}}^k \geq \underline{c}^k - \underline{B}^{kT}\tilde{\underline{y}}^{K+1}$$

$$(k = 1,...,K).$$

Andererseits folgt aus (1.36)

$$- \underline{b}^{kT}\tilde{\underline{y}}^k \geq -\tilde{v}^k$$

$$(k = 1,...,K).$$

Nach (1.28) folgt damit $\tilde{\underline{y}}_e^{K+1} \in Y_e^{K+1}$. ††

Ist nun für $\tilde{\underline{y}}_e^{K+1}$ das Optimalitätskriterium erfüllt, so hat man in $\tilde{\underline{y}}^k$ (k = 1,...,K+1) eine optimale Lösung von (1.23) gefunden. Das Verfahren ist beendet.

Ist für $\tilde{\underline{y}}_e^{K+1}$ das Optimalitätskriterium nicht erfüllt, so werden die folgenden Fälle unterschieden.

(ia) Es gibt ein k' $\in$ {1,...,K}, so daß das Teilprogramm $P_{k'}(\tilde{\underline{y}}^{K+1})$ keine zulässige Lösung hat. Es folgt, daß das strukturierte Programm (1.23) keine optimale Lösung besitzt. Ende.

(ib) Für alle $k \in \{1,\ldots,K\}$ besitzen die Teilprogramme $P_k(\tilde{\underline{y}}^{K+1})$ zulässige Lösungen.

Die folgenden Untersuchungen werden für alle $k \in \{1,\ldots,K\}$ getrennt durchgeführt. Es sei also jetzt $k \in \{1,\ldots,K\}$ beliebig. Das primale Teilprogramm $P_k(\tilde{\underline{y}}^{K+1})$ besitzt also eine optimale oder eine unbeschränkte Lösung.

(ib') Das Teilprogramm $P_k(\tilde{\underline{y}}^{K+1})$ besitze eine optimale Lösung $\underline{x}^k_{p'}$, $(p' \in P^k)$.

Es wird geprüft, ob

$$(\underline{c}^k - \underline{B}^{kT}\tilde{\underline{y}}^{K+1})^T \underline{x}^k_{p'} > \tilde{v}^k \tag{1.37}$$

gilt. Gilt die Ungleichung (1.37), so ist $p' \notin \tilde{P}^k$ (vgl. (1.34)). Es wird p' in $\tilde{P}^k$ aufgenommen, d.h., es wird

$$\tilde{\tilde{P}}^k := \tilde{P}^k \cup \{p'\}$$

gesetzt. Gilt die Ungleichung (1.37) nicht, so wird $\tilde{P}^k$ nicht geändert, d.h., man setzt $\tilde{\tilde{P}}^k := \tilde{P}^k$.

(ib") Das Programm $P_k(\tilde{\underline{y}}^{K+1})$ besitze eine unbeschränkte Lösung, d.h., es existieren $p' \in P^k$ und $q' \in Q^k$, so daß die Zielfunktionswerte von $P_k(\tilde{\underline{y}}^{K+1})$ entlang des Strahls

$$\underline{x}^k = \underline{x}^k_{p'} + \lambda \underline{x}^k_{q'} \qquad (\lambda \geq 0)$$

gegen + ∞ streben. Hieraus folgt, daß

$$(\underline{c}^k - \underline{B}^{kT}\tilde{\underline{y}}^{K+1})^T \underline{x}^k_{q'} > 0$$

gelten muß. q' kann also nicht zu $\tilde{Q}^k$ gehören (vgl. (1.34)).Es wird darum

$$\tilde{\tilde{Q}}^k := \tilde{Q}^k \cup \{q'\}$$

gesetzt.

Weiter wird mit Hilfe von (1.37) geprüft, ob p' in $\tilde{P}^k$ aufzunehmen ist. Gilt (1.37), so setzt man

$$\tilde{\tilde{P}}^k := \tilde{P}^k \cup \{p'\},$$

anderenfalls wird $\tilde{\tilde{P}}^k$ gleich $\tilde{P}^k$ gesetzt.

Da angenommen wurde, daß das Optimalitätskriterium nicht erfüllt ist, ist mindestens für ein $k \in \{1,...,K\}$ $\tilde{\tilde{P}}^k \neq \tilde{P}^k$ oder $\tilde{\tilde{Q}}^k \neq \tilde{Q}^k$. Indem man in (1.34) $\tilde{P}^k$ und $\tilde{Q}^k$ durch $\tilde{\tilde{P}}^k$ und $\tilde{\tilde{Q}}^k$ ersetzt, wird eine neue Menge $\tilde{\tilde{Y}}_e^{K+1}$ definiert, mit der ein neuer Iterationsschritt begonnen wird.

(ii) Schließlich ist noch der Fall zu behandeln, daß das Hauptprogramm (1.35) keine optimale Lösung besitzt.

(iia) Besitzt (1.35) keine zulässige Lösung, d.h., ist $\tilde{Y}_e^{K+1} = \emptyset$, so folgt aus $Y_e^{K+1} \subset \tilde{Y}_e^{K+1}$, daß das Programm (1.33) und damit nach dem Partitionstheorem auch das strukturierte Programm (1.23) keine zulässige Lösung besitzen.

(iib) Das Hauptprogramm (1.35) besitze eine unbeschränkte Lösung.

Da S eine beschränkte Menge ist, kann dieser Fall nur dann eintreten, wenn es mindestens ein $k' \in \{1,\ldots,K\}$ gibt, so daß $\tilde{P}^{k'} = \emptyset$ gilt. Anderenfalls läßt sich nämlich für die Zielfunktion von (1.35) eine untere Schranke angeben.

Es sei darum

$$K' := \{k' \in \{1,\ldots,K\} \mid P^{k'} = \emptyset\}.$$

Für $k' \in K'$ werden neue Indexmengen $\tilde{\tilde{P}}^{k'}$ und $\tilde{\tilde{Q}}^{k'}$ bestimmt. Hierzu wähle man $\tilde{y}^{K+1} \in \mathbb{R}^{m_{K+1}}$ beliebig, setze für $k' \in K'$ $v^{k'} = -\infty$ und verfahre wie in (ia) und (ib).

Für $k \notin K'$ $(k \in \{1,\ldots,K\})$ setzt man $\tilde{\tilde{P}}^k := \tilde{P}^k$ und $\tilde{\tilde{Q}}^k := \tilde{Q}^k$.

Mit dem neuen System von Indexmengen $\tilde{\tilde{P}}^k$ und $\tilde{\tilde{Q}}^k$ $(k = 1,\ldots,K)$ wird ein neuer Iterationsschritt begonnen.

Da die Indexmengen P^k und Q^k $(k = 1,\ldots,K)$ endlich sind und da in jedem Iterationsschritt für mindestens ein $k \in \{1,\ldots,K\}$ die Indexmengen $\tilde{P}^k$ oder $\tilde{Q}^k$ vergrößert werden, ist das Verfahren endlich.

Abschließend werden die Verfahren von DANTZIG und WOLFE und von BENDERS miteinander verglichen. Bei der Dekompositionsmethode von DANTZIG und WOLFE wird von einem blockdiagonalen linearen Programm mit verbindenden Variablen, d.h. von dem strukturierten Programm (1.1), ausgegangen. Mit Hilfe des Dekompositionsprinzips wird dieses Programm in das nicht strukturierte lineare Programm (1.8), transformiert. Beim Lösungsalgorithmus wird in jedem

Iterationsschritt von einer zulässigen Basislösung von (1.8) ausgegangen. Mit Hilfe der K primalen Teilprogramme $P_k(y^{K+1})$ (k = 1,...,K) wird geprüft, ob diese Basislösung von (1.8) optimal ist. Ist dies nicht der Fall, so liefern diese primalen Teilprogramme eine neu in die Basis aufzunehmende Variable. In einem Hauptprogramm, das als Variablen die gegebenen Basisvariablen und die ermittelte Variable enthält, wird schließlich eine neue bessere zulässige Basislösung von (1.8) bestimmt.

Die Partitionsmethode von BENDERS ist in gewisser Weise das zur Dekompositionsmethode von DANTZIG und WOLFE duale Verfahren. Es wird von dem zu (1.1) dualen Programm (1.21) ausgegangen. Im Partitionstheorem wird dieses strukturierte Programm (1.21) in das nicht strukturierte lineare Programm (1.33) transformiert, das - abgesehen von der zusätzlichen Beschränkung $y^{K+1} \varepsilon S$ - zum nicht strukturierten Programm (1.8) dual ist, wie unmittelbar aus dem Vergleich der Programme (1.11) und (1.33) folgt. Beim Lösungsalgorithmus wird in jedem Iterationsschritt zuerst in einem Hauptprogramm, das als Beschränkung nur einen Teil der Nebenbedingungen von (1.33) enthält, eine nicht notwendig zulässige Lösung von (1.33) bestimmt. Mit Hilfe der K dualen Teilprogramme $D_k(y^{K+1})$ wird die Optimalität dieser Lösung geprüft. Ist das Optimalitätskriterium nicht erfüllt, so wird ein neues Hauptprogramm definiert, indem gewisse Beschränkungen von (1.33) neu in das Hauptprogramm aufgenommen werden. Das neue Hauptprogramm liefert eine 'weniger' unzulässige Lösung von (1.33).

Während die Hauptprogramme beim Verfahren von DANTZIG und WOLFE immer nur $m_{K+1}+1$ Variablen enthalten, wächst die Anzahl der Nebenbedingungen der

BENDERSschen Hauptprogramme mit jedem Iterationsschritt, da die Nebenbedingungen nicht wie die Variablen beim Verfahren von DANTZIG und WOLFE ausgetauscht werden. Weiter unterscheiden sich die Hauptprogramme beider Verfahren darin, daß beim Verfahren von DANTZIG und WOLFE in jedem Iterationsschritt nur eine Variable neu in das Hauptprogramm aufgenommen wird, während beim Verfahren von BENDERS in der Regel mehrere Nebenbedingungen von (1.33) dem Hauptprogramm hinzugefügt werden.

1.2. Direkte Dekompositionsverfahren

Während bei den im Abschnitt 1.1 behandelten Methoden das strukturierte lineare Programm (1.1) bzw. (1.21) zuerst in ein äquivalentes nicht strukturiertes lineares Programm transformiert und dieses anschließend mit Hilfe eines Dekompositionsverfahrens gelöst wird, werden in diesem Abschnitt zwei von ROSEN bzw. BALAS entwickelte Dekompositionsverfahren behandelt, die unmittelbar von dem strukturierten Problem ausgehen, und zwar von dem blockdiagonalen linearen Programm mit verbindenden Variablen (1.21). Um die Idee, die diesen beiden Verfahren zugrunde liegt, herauszuarbeiten, wird zuerst mit Hilfe des Zerlegungssatzes (Satz 1.3) das strukturierte Programm (1.21) in ein doppeltes Optimierungsproblem transformiert. Mit der Bezeichnung

$$Y^{K+1} := \{\underline{y}^{K+1} \in \mathbb{R}^{m_{K+1}} \mid \max \left\{(\underline{c}^k - \underline{B}^{kT}\underline{y}^{K+1})^T \underline{x}^k \;\middle|\; \begin{matrix} \underline{A}^k \underline{x}^k = \underline{b}^k \\ \underline{x}^k \geq \underline{o} \end{matrix} \right\} \text{ für } k = 1,\dots,K \text{ existiert}\}$$

erhält man den folgenden Satz.

Satz 1.10

Das strukturierte lineare Programm (1.21) und die folgende Optimierungsaufgabe sind äquivalent,

$$\min_{\underline{y}^{K+1} \in Y^{K+1}} \{(\underline{b}^{K+1})^T \underline{y}^{K+1} + \sum_{k=1}^{K} \max \left\{(\underline{c}^k - \underline{B}^{kT}\underline{y}^{K+1})^T \underline{x}^k \;\middle|\; \begin{matrix} \underline{A}^k \underline{x}^k = \underline{b}^k \\ \underline{x}^k \geq \underline{o} \end{matrix} \right\}\}. \quad (1.38)$$

Ist $\hat{\underline{y}}^{K+1}$, $\hat{\underline{x}}^k$ $(k = 1,\ldots,K)$ eine optimale Lösung von (1.38) und sind für $k = 1,\ldots,K$ $\hat{\underline{y}}^k$ die zu $\hat{\underline{x}}^k$ gehörenden dualen Lösungen der primalen Teilprogramme $P_k(\hat{\underline{y}}^{K+1})$, so ist $\hat{\underline{y}}^k$ $(k = 1,\ldots,K+1)$ eine optimale Lösung des Programms (1.21). †

Zum Beweis wende man auf (1.21) mit

$$\underline{y}^1 = (\underline{y}^{1T},\ldots,\underline{y}^{KT})^T \text{ und } \underline{y}^2 = \underline{y}^{K+1}$$

den Zerlegungssatz an und beachte, daß das Minimierungsproblem

$$\min \left\{ \sum_{k=1}^{K} \underline{b}^{kT}\underline{y}^k \;\middle|\; \begin{array}{c} \underline{A}^{kT}\underline{y}^k \geq \underline{c}^k - \underline{B}^{kT}\underline{y}^{K+1} \\ (k = 1,\ldots,K) \end{array} \right\}$$

für festes $\underline{y}^{K+1}$ in die K dualen Teilprogramme $D_k(\underline{y}^{K+1})$ $(k = 1,\ldots,K)$ zerfällt. Indem man anschließend zu den primalen Teilprogrammen $P_k(\underline{y}^{K+1})$ $(k = 1,\ldots,K)$ übergeht, erhält man das Programm (1.38). ††

Obwohl dieser Satz weder von ROSEN noch von BALAS explizit erwähnt wird, kann man ihn als die eigentliche Grundlage ihrer Verfahren ansehen. In beiden Verfahren wird das strukturierte Programm (1.21) ausgehend von dem doppelten Optimierungsproblem (1.38) parametrisch gelöst. In jedem Iterationsschritt wird von einem $\tilde{\underline{y}}^{K+1} \in Y^{K+1}$ ausgegangen. Es werden für $\tilde{\underline{y}}^{K+1}$ die inneren Maximierungsaufgaben, d.h. die K primalen Teilprogramme $P_k(\tilde{\underline{y}}^{K+1})$ $(k = 1,\ldots,K)$, gelöst und anschließend mit Hilfe der optimalen Lösungen dieser Teilprogramme ein Hauptprogramm formuliert, das ein neues $\approx{\underline{y}}^{K+1}$ $\in Y^{K+1}$ liefert. Auf diese Weise wird in jedem Interationsschritt eine neue bessere zulässige Lösung von (1.21) bestimmt. Beide Verfahren unterscheiden sich jedoch in ihren Hauptprogrammen.

Auf die direkten Dekompositionsmethoden von BEALE[1] und GASS[2] wird nicht eingegangen, weil diese sich nicht wesentlich von dem Verfahren von ROSEN unterscheiden.

1.2.1. Das Dekompositionsverfahren von ROSEN

Die Anwendung des Dekompositionsverfahrens von ROSEN ist nicht auf lineare strukturierte Programme der Form (1.21) beschränkt. Vielmehr wurde diese Dekompositionsmethode von ROSEN ursprünglich - ähnlich wie die Partitionsmethode von BENDERS (vgl. (1.22)) - zur Lösung des folgenden 'semilinearen' Programms,

minimiere

$$Z = \sum_{k=1}^{K} \underline{b}^{kT}\underline{y}^{k} + b^{K+1}(\underline{y}^{K+1})$$

unter den Nebenbedingungen

$$\underline{A}^{kT}\underline{y}^{k} \geq \underline{c}^{k}(\underline{y}^{K+1})$$

$$(k = 1,\dots,K),$$

entwickelt. Hierbei seien $\underline{A}^k$ und $\underline{b}^k$ $(k = 1,\dots,K)$ die bei der Definition des strukturierten Programms (1.1) eingeführten Matrizen und Vektoren, $\underline{y}^k \in \mathbb{R}^{m_k}$ $(k = 1,\dots,K+1)$ und

$$b^{K+1} : \mathbb{R}^{m_{K+1}} \to \mathbb{R}$$

$$\underline{c}^{k} : \mathbb{R}^{m_{K+1}} \to \mathbb{R}^{n_k} \qquad (k = 1,\dots,K)$$

konvexe Abbildungen. Dieses strukturierte nichtlineare Programm wird im Dekompositionsverfahren von ROSEN in K lineare Teilprogramme und ein konvexes Hauptprogramm zerlegt[3].

---

1 Vgl. BEALE [1963].

2 Vgl. GASS [1966].

3 Vgl. ROSEN [1963]; ROSEN-ORNEA [1963/64] und [1964].

Im folgenden wird das Dekompositionsverfahren von ROSEN nur für das strukturierte lineare Programm (2.21) behandelt. Zuerst wird der Lösungsalgorithmus beschrieben, und anschließend wird die Dekompositionsmethode von ROSEN zu einem von DINKELBACH entwickelten Lösungsverfahren der parametrischen Programmierung in Beziehung gesetzt.

1.2.1.1. Die Beschreibung des Lösungsalgorithmus[1]

Es wird also jetzt von dem strukturierten linearen Programm (1.21) ausgegangen. In jedem Iterationsschritt wird eine in bezug auf den vorhergehenden Iterationsschritt bessere zulässige Lösung von (1.21) bestimmt. Es sei darum eine zulässige Lösung

$$\tilde{\underline{y}}^k \qquad (k = 1,\ldots,K+1) \tag{1.39}$$

des Programms (1.21) mit $\tilde{\underline{y}}^{K+1} \varepsilon Y^{K+1}$ gegeben[2]. Es werden die K primalen Teilprogramme $P_k(\tilde{\underline{y}}^{K+1})$ $(k = 1,\ldots,K)$ gelöst. Da $\tilde{\underline{y}}^{K+1} \varepsilon Y^{K+1}$ vorausgesetzt wurde, besitzen alle Teilprogramme eine optimale Lösung.

Zur Definition des Hauptprogramms, das als Variablen nur $\underline{y}^{K+1}$ enthält und ein neues $\approx{\underline{y}}^{K+1} \varepsilon Y^{K+1}$ liefert, müssen zuerst einige Bezeichnungen eingeführt werden.

---

1 Vgl. ROSEN [1964].

2 Falls zu Beginn des Verfahrens nur eine zulässige Lösung $\tilde{\underline{y}}^k$ $(k = 1,\ldots,K+1)$ von (1.21) gegeben ist, so löse man die primalen Teilprogramme $P_k(\tilde{\underline{y}}^{K+1})$ $(k = 1,\ldots,K)$. Besitzt eines dieser Teilprogramme keine zulässige Lösung, so hat das Programm (1.1) keine zulässige und damit (1.21) keine optimale Lösung. Anderenfalls ist $\tilde{\underline{y}}^{K+1} \varepsilon Y^{K+1}$.

Für k = 1,...,K werden für die optimalen Basislösungen der primalen Teilprogramme $P_k(\tilde{\underline{y}}^{K+1})$ die Indexmengen der Basis- und Nichtbasisvariablen mit $\tilde{M}_1^k$ und $\tilde{M}_2^k$ bezeichnet. Die optimalen Basis- und Nichtbasisvariablen werden zu

$$\underline{x}_1^k \quad \text{und} \quad \underline{x}_2^k$$

zusammengefaßt, und entsprechend werden $\underline{A}^k$, $\underline{B}^k$, $\underline{c}^k$ in

$$\underline{A}_1^k\,,\ \underline{B}_1^k,\ \underline{c}_1^k \quad \text{und} \quad \underline{A}_2^k,\ \underline{B}_2^k,\ \underline{c}_2^k$$

zerlegt. Die Inversen der optimalen Basismatrizen werden mit $\tilde{\underline{A}}^k$ bezeichnet, d.h.

$$\tilde{\underline{A}}^k := (\underline{A}_1^k)^{-1}.$$

Für die optimalen Lösungen von $P_k(\tilde{\underline{y}}^{K+1})$ und $D_k(\tilde{\underline{y}}^{K+1})$ ergeben sich bekanntlich die folgenden Beziehungen ($\underline{y}^{K+1} = \tilde{\underline{y}}^{K+1}$),

$$\underline{x}_1^k = \tilde{\underline{A}}^k(\underline{b}^k - \underline{A}_2^k\underline{x}_2^k) \tag{1.40}$$

$$\underline{y}^k = \tilde{\underline{A}}^{kT}(\underline{c}_1^k - \underline{B}_1^{kT}\underline{y}^{K+1}). \tag{1.41}$$

Die Beziehung (1.41) folgt aus dem Complementary-Slackness-Theorem. Sie liefert für $\underline{y}^{K+1} = \tilde{\underline{y}}^{K+1}$ eine optimale Lösung des k-ten dualen Teilprogramms $P_k(\tilde{\underline{y}}^{K+1})$. Das Hauptprogramm wird aus dem strukturierten Programm (1.21) abgeleitet, indem man in (1.21) $\underline{y}^k$ durch den rechten Ausdruck von (1.41) (k = 1,...,K) ersetzt. Mit den Bezeichnungen

$$\underline{c}_2^{*k} := \underline{c}_2^k - (\tilde{\underline{A}}^k \underline{A}_2^k)^T \underline{c}_1^k$$

$$\underline{B}_2^{*k} := \underline{B}_2^k - \underline{B}_1^k \tilde{\underline{A}}^k \underline{A}_2^k$$

$$(k = 1,\ldots,K)$$

$$\underline{b}^{*K+1} := \underline{b}^{K+1} - \sum_{k=1}^{K} \underline{B}_1^k \tilde{\underline{A}}^k \underline{b}^k$$

$$z^* := \sum_{k=1}^{K} \underline{c}_1^{kT} \tilde{\underline{A}}^k \underline{b}^k \qquad (1.42)$$

erhält man das folgende lineare Hauptprogramm,

minimiere

$$Z = (\underline{b}^{*K+1})^T \underline{y}^{K+1} + z^*$$

unter den Nebenbedingungen (1.43)

$$\underline{B}_2^{*kT} \underline{y}^{K+1} \geq \underline{c}_2^{*k}$$

$$(k = 1,\ldots,K).$$

Um zu zeigen, daß $\tilde{\underline{y}}^{K+1}$ eine zulässige Lösung des Hauptprogramms (1.43) ist, wird im folgenden Lemma eine äquivalente Darstellung von (1.43) gegeben.

Lemma 1.11

Das Hauptprogramm (1.43) und das folgende lineare Programm,

minimiere

$$Z = \sum_{k=1}^{K+1} \underline{b}^{kT} \underline{y}^k$$

unter den Nebenbedingungen (1.44)

$$\underline{A}_1^{kT} \underline{y}^k + \underline{B}_1^{kT} \underline{y}^{K+1} = \underline{c}_1^k$$

$$\underline{A}_2^{kT} \underline{y}^k + \underline{B}_2^{kT} \underline{y}^{K+1} \geq \underline{c}_2^k$$

$$(k = 1,\ldots,K),$$

sind äquivalent.

Zwischen den optimalen Lösungen von (1.43) und (1.44) besteht die Beziehung (1.41). †

Der Beweis dieses Lemmas folgt unmittelbar aus der Konstruktion des Hauptprogramms (1.43), insbesondere aus der Beziehung (1.41). ††

Da also nach Voraussetzung die Lösung (1.39) eine zulässige Lösung von (1.21) und damit auch von (1.44) ist, ist $\tilde{y}^{K+1}$ nach Lemma 1.11 eine zulässige Lösung des Hauptprogramms (1.43). Das Programm (1.43) besitzt also eine optimale oder eine unbeschränkte Lösung. Besitzt (1.43) eine unbeschränkte Lösung, so haben nach Lemma 1.11 das Programm (1.44) und damit auch das strukturierte Programm (1.21) eine unbeschränkte Lösung. Das Verfahren ist beendet.

Es sei also jetzt $\approx{y}^{K+1}$ eine optimale Lösung des Hauptprogramms (1.43). Berechnet man aus $\approx{y}^{K+1}$ nach der Formel (1.41) $\approx{y}^{k}$ $(k = 1,\dots,K)$, so erhält man eine bessere zulässige Lösung

$$\approx{y}^{k} \quad (k = 1,\dots,K+1) \tag{1.45}$$

von (1.21). Dies folgt mit Lemma 1.11 aus der Tatsache, daß $\tilde{y}^{K+1}$ eine zulässige und $\approx{y}^{K+1}$ eine optimale Lösung des Hauptprogramms (1.43) sind.

Zur Prüfung der Optimalität von (1.45) wird der folgende Satz benutzt. Zum Beweis dieses Satzes wird das folgende Lemma benötigt.

Lemma 1.12

Das zum Hauptprogramm (1.43) duale Programm,

maximiere

$$z = \sum_{k=1}^{K} \underline{c}_2^{*kT} \underline{x}_2^k + z^*$$

unter den Nebenbedingungen (1.46)

$$\sum_{k=1}^{K} \underline{B}_2^{*k} \underline{x}_2^k = \underline{b}^{*K+1}$$

$$\underline{x}_2^k \geq \underline{o} \qquad (k = 1,\ldots,K),$$

und das folgende lineare Programm,

maximiere

$$z = \sum_{k=1}^{K} \underline{c}^{kT} \underline{x}^k$$

unter den Nebenbedingungen (1.47)

$$\underline{A}^k \underline{x}^k = \underline{b}^k$$

$$\sum_{k=1}^{K} \underline{B}^k \underline{x}^k = \underline{b}^{K+1}$$

$$\underline{x}_2^k \geq \underline{o}$$

$$(k = 1,\ldots,K),$$

sind äquivalent.
Zwischen den optimalen Lösungen von (1.46) und (1.47) besteht die Beziehung (1.40). †

Zum Beweis beachte man, daß man gerade das Programm (1.46) erhält, wenn man im Programm (1.1) für $k = 1,\ldots,K$ $\underline{x}_1^k$ durch den rechten Ausdruck von (1.40) ersetzt, wobei die Nichtnegativitätsbedingungen der Variablen von dieser Substitution ausgenommen werden. ††

Für die Formulierung des Optimalitätskriteriums von ROSEN seien $\underline{\tilde{x}}_2^k$ (k = 1,...,K) eine optimale Lösung des zum Hauptprogramm dualen Problems (1.46) und $\underline{\tilde{x}}_1^k$ (k = 1,...,K) die hieraus nach der Formel (1.40) berechneten Größen. Ferner werden $\underline{\tilde{x}}_1^k$, $\underline{\tilde{x}}_2^k$ zu

$$\underline{\tilde{x}}^k \quad (k = 1,\dots,K) \tag{1.48}$$

zusammengefaßt.

Satz 1.13 (Optimalitätskriterium)

Die Vektoren (1.45) und (1.48) sind genau dann optimale Lösungen der zueinander dualen linearen Programme (1.21) und (1.1), wenn

$$\underline{\tilde{x}}_1^k \geq \underline{o} \qquad (k = 1,\dots,K) \tag{1.49}$$

gilt. †

(i) Die eine Richtung des Kriteriums ist trivial. Gilt nämlich (1.49) nicht, so ist (1.48) nicht zulässig und damit sicher nicht optimal für das Programm (1.1).

(ii) Gilt andererseits (1.49), so sind die Vektoren (1.45) und (1.48) zulässige Lösungen von (1.21) und (1.1). Nach der Dualitätstheorie genügt es zu zeigen, daß die zu (1.45) und (1.48) gehörenden Zielfunktionswerte übereinstimmen. Hierzu beachte man, daß die Programme (1.43) und (1.46) zueinander dual sind.

Es gilt somit

$$(\underline{b}^{*K+1})^T \underline{\tilde{y}}^{K+1} + z^* = \sum_{k=1}^{K} \underline{c}_2^{*kT} \underline{\tilde{x}}_2^k + z^*. \tag{1.50}$$

Andererseits folgt aus Lemma 1.11 bzw. Lemma 1.12

$$(\underline{b}^{*K+1})^T \underline{\tilde{y}}^{K+1} + z^* = \sum_{k=1}^{K+1} \underline{b}^{kT} \underline{\tilde{y}}^k \tag{1.51}$$

bzw.

$$\sum_{k=1}^{K} \underline{c}_2^{*kT} \underline{\tilde{x}}_2^k + z^* = \sum_{k=1}^{K} \underline{c}^{kT} \underline{\tilde{x}}^k. \tag{1.52}$$

Da also nach (1.50), (1.51) und (1.52) die entsprechenden Zielfunktionswerte übereinstimmen, folgt die Optimalität von (1.45) und (1.48). ††

Falls also das Optimalitätskriterium (1.49) erfüllt ist, hat man in (1.45) eine optimale Lösung von (1.21) gefunden. Gleichzeitig liefert (1.48) eine optimale Lösung von (1.1). Das Verfahren wird beendet. Ist das Optimalitätskriterium (1.49) nicht erfüllt, so wird mit der Lösung (1.45) ein neuer Iterationsschritt durchgeführt. Daß $\underline{\tilde{\tilde{y}}}^{K+1} \in Y^{K+1}$ ist, wird weiter unten im Anschluß an Satz 1.14 gezeigt. Da für alle $k = 1,\ldots,K$ die oben bestimmten Basen, deren Indexmengen der Basisvariablen gleich $\tilde{M}_1^k$ sind, auch optimale Basen der primalen Teilprogramme $P_k(\underline{\tilde{\tilde{y}}}^{K+1})$ sind - wie im folgenden Satz gezeigt wird -, ist darauf zu achten, daß die Indexmengen $\tilde{\tilde{M}}_1^k$ der neuen Basisvariablen der primalen Teilprogramme nicht für alle $k = 1,\ldots,K$ gleich $\tilde{M}_1^k$ sind. Anderenfalls würde man im Hauptprogramm wiederum $\underline{\tilde{\tilde{y}}}^{K+1}$ erhalten.

<u>Satz 1.14</u>

> Für alle $k = 1,\ldots,K$ sind die Basen mit den Indexmengen $\tilde{M}_1^k$ und $\tilde{M}_2^k$ der Basis- und Nichtbasisvariablen für die primalen Teilprogramme $P_k(\underline{\tilde{\tilde{y}}}^{K+1})$ optimal. †

Zum Beweis sei $k \in \{1,\ldots,K\}$ beliebig. Für die Teilprogramme $P_k(\underline{\tilde{\tilde{y}}}^{K+1})$ und $D_k(\underline{\tilde{\tilde{y}}}^{K+1})$ werden zulässige Lösungen $\underline{\bar{x}}^k$ mit $\underline{\bar{x}}_2^k = \underline{o}$ und $\underline{\tilde{\tilde{y}}}^k$ angegeben, deren Zielfunktionswert übereinstimmen.

Für das primale Teilprogramm wird $\underline{\bar{x}}^k$ mit

$$\underline{\bar{x}}_1^k := \underline{\tilde{A}}^k \underline{b}^k \text{ und } \underline{\bar{x}}_2^k := \underline{o} \qquad (1.53)$$

gewählt, die offenbar zulässig ist. Aus (1.41) folgt

$$\tilde{\tilde{\underline{y}}}^k = \tilde{\underline{A}}^{kT}(\underline{c}_1^k - \underline{B}_1^{kT}\tilde{\tilde{\underline{y}}}^{K+1}). \qquad (1.54)$$

Aus (1.53) und (1.54) ergibt sich

$$\begin{aligned} \underline{b}^{kT}\tilde{\tilde{\underline{y}}}^k &= (\underline{c}_1^k - \underline{B}_1^{kT}\tilde{\tilde{\underline{y}}}^{K+1})^T\bar{\underline{x}}_1^k \\ &= (\underline{c}^k - \underline{B}^{kT}\tilde{\tilde{\underline{y}}}^{K+1})^T\bar{\underline{x}}^k. \end{aligned}$$

Da somit die entsprechenden Zielfunktionswerte übereinstimmen, ist damit der Satz bewiesen. ††

Da also nach Satz 1.14 die gegebenen Basismatrizen für alle primalen Teilprogramme $P_k(\tilde{\tilde{\underline{y}}}^{K+1})$ $(k = 1,\ldots,K)$ optimal sind, gilt $\tilde{\tilde{\underline{y}}}^{K+1} \varepsilon Y^{K+1}$. Daß immer zu den gegebenen optimalen Basen der Programme $P_k(\tilde{\tilde{\underline{y}}}^{K+1})$ $(k = 1,\ldots,K)$ ein alternatives System von optimalen Basen mit den Indexmengen $\tilde{\tilde{M}}_1^k$ und $\tilde{\tilde{M}}_2^k$ $(k = 1,\ldots,K)$ der Basis- und Nichtbasisvariablen existiert, d.h., nicht für alle $k = 1,\ldots,K$ stimmen $\tilde{\tilde{M}}_1^k$ und $\tilde{M}_1^k$ überein, ist der Inhalt des folgenden Satzes. Auf den Beweis dieses Satzes wird verzichtet, da er einige Fallunterscheidungen erfordert und daher sehr aufwendig ist.

<u>Satz 1.15</u>

> Es sei $k \varepsilon \{1,\ldots,K\}$ beliebig. Ist das Optimalitätskriterium für den Index k nicht erfüllt, d.h., gilt $\tilde{\tilde{\underline{x}}}_1^k \ngeq \underline{o}$, so existiert für das primale Teilprogramm $P_k(\tilde{\tilde{\underline{y}}}^{K+1})$ eine optimale Basis mit den Indexmengen $\tilde{\tilde{M}}_1^k$ und $\tilde{\tilde{M}}_2^k$ der Basis- und Nichtbasisvariablen mit $\tilde{\tilde{M}}_1^k \neq \tilde{M}_1^k$. †[1]

Da also in jedem Iterationsschritt ein anderes System von Basen der primalen Teilprogramme $P_k(\underline{y}^{K+1})$ $(k = 1,\ldots,K)$ gewählt wird und da die Menge aller

---

[1] Zum Beweis vgl. ROSEN [1964], S. 256 ff. und TAN [1966], S. 251 ff.

Basen eines Programms $P_k(\underline{y}^{K+1})$ endlich ist, endet das Verfahren nach endlich vielen Iterationen, falls keine Zyklen auftreten.

1.2.1.2. Der Zusammenhang des Verfahrens von ROSEN mit der parametrischen linearen Programmierung

Interpretiert man $\underline{y}^{K+1}$ als einen Parametervektor, so stellt das doppelte Optimierungsproblem (1.38) ein typisches Problem der mehrparametrischen Programmierung dar, wofür DINKELBACH[1] ein Lösungsverfahren entwickelt hat. Zwischen diesem Verfahren und dem Dekompositionsverfahren von ROSEN besteht eine enge Beziehung. Doch bevor hierauf eingegangen wird, werden zuerst einige Begriffe der parametrischen Programmierung eingeführt[2].

Unter einem linearen Programm mit r Parametern $t_1,...,t_r$ in der Zielfunktion wird die folgende Aufgabenstellung verstanden,

maximiere

$$z = (\underline{c} - \underline{B}^T\underline{t})^T\underline{x} + \underline{e}^T\underline{t}$$

unter den Nebenbedingungen (1.55)

$$\underline{A}\ \underline{x} = \underline{b}$$

$$\underline{x} \geq \underline{o}.$$

Hierbei seien $\underline{A}$ eine $(m \times n)$-Matrix, $\underline{B}$ eine $(r \times n)$-Matrix, $\underline{c},\underline{x} \in \mathbb{R}^n$, $\underline{b} \in \mathbb{R}^m$ und $\underline{e},\underline{t} \in \mathbb{R}^r$. Ohne Beschränkung der Allgemeinheit wird Rang $(\underline{A}) = m \leq n$

---

1 Vgl. DINKELBACH [1969], S. 140 ff.

2 Vgl. hierzu DINKELBACH [1969], S. 139 f.

angenommen.

Unter einem kritischen Bereich des parametrischen linearen Programms (1.55) versteht man die Gesamtheit aller $\underline{t} \in \mathbb{R}^r$, für die eine gegebene Basislösung optimal ist. Die kritischen Bereiche sind konvexe und abgeschlossene Teilmengen des $\mathbb{R}^r$. Die Vereinigung aller kritischen Bereiche ergibt den Definitionsbereich der optimalen Lösungsfunktion (optimaler Zielfunktionswert als Funktion des Parametervektors $\underline{t}$). Die optimale Lösungsfunktion ist über ihrem Definitionsbereich, der ebenfalls konvex und abgeschlossen ist, stetig und konvex.

Das oben erwähnte Problem der parametrischen Programmierung besteht nun darin, den minimalen Wert der optimalen Lösungsfunktion zu bestimmen. Im Verfahren von DINKELBACH[1] wird dieses Minimum in der Weise bestimmt, daß die optimale Lösungsfunktion sukzessive innerhalb benachbarter kritischer Bereiche minimiert wird. Diese Teilminimierungsaufgaben sind lineare Programme mit den Variablen $\underline{t}$. Die Koeffizienten dieser Unterprogramme entnimmt man den zu den einzelnen kritischen Bereichen gehörenden optimalen Tableaus des parametrischen Programms (1.55).

Da diese Unterprogramme weiter unten zu dem Hauptprogramm (1.43) in Beziehung gesetzt werden, werden hier die Daten dieser Programme mit Hilfe der zu dem betreffenden kritischen Bereich gehörenden Basismatrix bestimmt. Es sei $\tilde{\underline{A}}$ die Inverse einer Basismatrix des parametrischen Programms (1.55). Völlig analog zu ROSEN (vgl. Abschnitt 1.2.1.1) zerlegt man $\underline{A}$, $\underline{B}$, $\underline{c}$ in

$$\underline{A}_1,\ \underline{B}_1,\ \underline{c}_1 \text{ und } \underline{A}_2,\ \underline{B}_2,\ \underline{c}_2.$$

---

[1] Vgl. DINKELBACH [1969], S. 140 ff.

Mit den Bezeichnungen (vgl.(1.42))

$$\underline{c}_2' := \underline{c}_2 - (\underline{\tilde{A}}\ \underline{A}_2)^T \underline{c}_1$$
$$\underline{B}_2' := \underline{B}_2 - \underline{B}_1 \underline{\tilde{A}}\ \underline{A}_2$$
$$\underline{e}' := \underline{e} - \underline{B}_1 \underline{\tilde{A}}\ \underline{b}$$
$$z' := \underline{c}_1^T\ \underline{\tilde{A}}\ \underline{b}$$

erhält man für den Vektor der zu den Nichtbasisvariablen gehörenden Koeffizienten der Zielfunktionszeile und die optimale Lösungsfunktion - jeweils in Abhängigkeit vom Parametervektor $\underline{t}$ - des zu dieser Basis gehörenden Tableaus des parametrischen Programms (1.55)

$$(-\underline{c}_2' + \underline{B}_2'^T \underline{t})^T \text{ und } \underline{e}'^T \underline{t} + z'.$$

Das Unterprogramm, das die optimale Lösungsfunktion innerhalb des zu der gegebenen Basis gehörenden kritischen Bereichs minimiert lautet somit,

minimiere

$$Z = \underline{e}'^T \underline{t} + z'$$

unter den Nebenbedingungen (1.56)

$$\underline{B}_2'^T \underline{t} \geq \underline{c}_2'.$$

Im Verfahren von DINKELBACH wird in jedem Iterationsschritt ein Unterprogramm der Form (1.56) gelöst. Ist in einem beliebigen Iterationsschritt $\underline{\tilde{t}}$ eine optimale Lösung von (1.56), so wird im nächsten Schritt zu einem benachbarten kritischen Bereich übergegangen, der $\underline{\tilde{t}}$ enthält und in einem früheren Iterationsschritt noch nicht untersucht wurde. Das Verfahren wird beendet, wenn in einem Iterationsschritt das Unterprogramm (1.56) eine unbeschränkte Lösung hat oder wenn kein noch nicht vorher untersuchter kritischer Bereich existiert, der den zuletzt bestimmten Parametervektor $\tilde{\underline{t}}$ enthält. Im ersten Fall besitzt die optimale Lösungsfunktion kein Minimum, und im zweiten Fall nimmt sie in $\tilde{\underline{t}}$ ihr Minimum an.

Um nun das Verfahren von ROSEN zur parametrischen Programmierung in Beziehung zu setzen, wird im strukturierten Programm (1.21) $\underline{y}^{K+1}$ als einen Parametervektor interpretiert. Das doppelte Optimierungsproblem (1.38), das nach Satz 1.10 mit dem strukturierten Programm (1.21) äquivalent ist, ist dann die Aufgabe, den minimalen Wert der optimalen Lösungsfunktion des folgenden linearen Programms mit dem Parametervektor $\underline{y}^{K+1}$ zu bestimmen,

maximiere

$$z = \sum_{k=1}^{K} (\underline{c}^k - \underline{B}^{kT}\underline{y}^{K+1})^T\underline{x}^k + (\underline{b}^{K+1})^T\underline{y}^{K+1}$$

unter den Nebenbedingungen (1.57)

$$\underline{A}^k\underline{x}^k = \underline{b}^k$$
$$\underline{x}^k \geq \underline{o} \qquad (k = 1,\ldots,K),$$

und Y^{K+1} ist der Definitionsbereich der optimalen Lösungsfunktion von (1.57). Wendet man auf (1.57) das oben beschriebene Verfahren von DINKELBACH an, indem man

$$\underline{A} = \begin{pmatrix} \underline{A}^1 & & \\ & \ddots & \\ & & \underline{A}^k \end{pmatrix}$$

$$\underline{B} = (\underline{B}^1,\ldots,\underline{B}^K),\ \underline{b} = (\underline{b}^{1T},\ldots,\underline{b}^{KT})^T$$

$$\underline{c} = (\underline{c}^{1T},\ldots,\underline{c}^{KT})^T,\ \underline{e} = \underline{b}^{K+1}$$

setzt und beachtet, daß sich die Inverse $\tilde{\underline{A}}$ einer Basismatrix von (1.57) in der Form

$$\tilde{\underline{A}} = \begin{pmatrix} \tilde{\underline{A}}^1 & & \\ & \ddots & \\ & & \tilde{\underline{A}}^K \end{pmatrix} ,$$

wobei für k = 1,...,K $\tilde{\underline{A}}^k$ inverse Basismatrizen von

$$\begin{aligned} \underline{A}^k \underline{x}^k &= \underline{b}^k \\ \underline{x}^k &\geq \underline{o} \end{aligned} \qquad (1.5)$$

sind, darstellen läßt, erhält man mit den Beziehungen (1.42) für das Unterprogramm, das dem Programm (1.56) entspricht, das Hauptprogramm (1.43) des Verfahrens von ROSEN.

Es ist also damit gezeigt, daß im Verfahren von ROSEN wie im Verfahren von DINKELBACH in jedem Iterationsschritt die optimale Lösungsfunktion von (1.57) innerhalb eines kritischen Bereichs minimiert wird. Weiter sind in beiden Verfahren die kritischen Bereiche zweier aufeinanderfogender Schritte benachbart. Die Verfahren unterscheiden sich also nur in ihren Optimalitätskriterien. Während ROSEN in jedem Iterationsschritt mit Hilfe von Satz 1.13 prüft, ob das Minimum der optimalen Lösungsfunktion erreicht ist, versucht DINKELBACH sofort zu einem benachbarten kritischen Bereich überzugehen. Ist etwa $\underline{\tilde{\tilde{y}}}^{K+1}$ die optimale Lösung eines Hauptprogramms (1.43) und ist nach Satz 1.13 $\underline{\tilde{\tilde{y}}}^k$ (k = 1,...,K+1) eine optimale Lösung von (1.21), so müssen im Verfahren von DINKELBACH in jedem Fall alle kritischen Bereiche, die $\underline{\tilde{\tilde{y}}}^{K+1}$ enthalten, untersucht werden.

1.2.2. Die Unzulässigkeitsmethode von BALAS

Als zweites direktes Dekompositionsverfahren wird

das Verfahren von BALAS behandelt. Auch BALAS geht von dem strukturierten Programm (1.21) aus. Es wird jedoch zusätzlich angenommen, daß der Bereich (1.5) beschränkt ist[1]. Wie im Verfahren von ROSEN wird in jedem Iterationsschritt von einem $\tilde{\underline{y}}^{K+1} \varepsilon Y^{K+1}$ ausgegangen. Für die primalen Teilprogramme $P_k(\tilde{\underline{y}}^{K+1})$ bestimmt man optimale Basislösungen $\tilde{\underline{x}}^k$ $(k = 1,...,K)$. Sind $\tilde{\underline{y}}^k$ $(k = 1,...,K)$ die zu $\tilde{\underline{x}}^k$ $(k = 1,...,K)$ gehörenden dualen Lösungen, so erhält man in $\tilde{\underline{y}}^k$ $(k = 1,...,K+1)$ eine zulässige Lösung von (1.21). Um die Optimalität von $\tilde{\underline{y}}^k$ $(k = 1,...,K+1)$ zu prüfen, werden aus $\tilde{\underline{x}}^k$ $(k = 1,...,K)$ die Gesamtheit aller optimalen Lösungen $\underline{x}^{*k}$ $(k = 1,...,K)$ - auch der Nichtbasislösungen - von $P_k(\tilde{\underline{y}}^{K+1})$ $(k = 1,...,K)$ abgeleitet. In einem Hauptprogramm (Unzulässigkeitsprogramm), in dem die Unzulässigkeit von $\underline{x}^{*k}$ $(k = 1,...,K)$ bezüglich des Programms (1.1) minimiert wird, wird untersucht, ob eine der Lösungen $\underline{x}^{*k}$ $(k = 1,...,K)$ eine zulässige Lösung von (1.1) ist. Ist das etwa für $\bar{\underline{x}}^k$ $(k = 1,...,K)$ der Fall, so ist $\tilde{\underline{y}}^k$ $(k = 1,...,K+1)$ - da die zu $\tilde{\underline{y}}^k$ $(k = 1,...,K+1)$ und $\bar{\underline{x}}^k$ $(k = 1,...,K)$ gehörenden Zielfunktionswerte von (1.21) und (1.1) übereinstimmen - eine optimale Lösung von (1.21). Anderenfalls wird mit Hilfe des zum Unzulässigkeitsprogramm dualen Problems ein besseres $\tilde{\tilde{\underline{y}}}^{K+1} \varepsilon Y^{K+1}$ bestimmt.

Zuerst wird das Verfahren von BALAS entwickelt. Anschließend wird dieses Verfahren als eine spezielle Methode der zulässigen Richtungen dargestellt. Mit Hilfe dieser Methode läßt sich nämlich das Verfahren von BALAS wesentlich durchsichtiger

---

[1] Dies läßt sich immer erreichen, indem man in den Programmen $P_k(\underline{y}^{K+1})$ $(k = 1,...,K)$ obere Schranken für die Summe der Variablen einführt.

gestalten, insbesondere läßt sich dadurch der Beweis eines für den Fortgang des Verfahrens bedeutsamen Satzes (Satz 1.17) vereinfachen. Bei der Entwicklung des Verfahrens von BALAS wird darum für diesen Satz auf eine Wiedergabe des von BALAS geführten Beweises verzichtet. Bei der Darstellung des Verfahrens werden die im Abschnitt 1.2.1 eingeführten Bezeichnungen benutzt.

1.2.2.1. Die Beschreibung des Lösungsalgorithmus[1]

Es wird also von dem strukturierten Programm (1.21) ausgegangen, und es sei zu Beginn eines beliebigen Iterationsschritts $\tilde{\underline{y}}^{K+1} \varepsilon Y^{K+1}$ gegeben[2].

Für die K Teilprogramme $P_k(\tilde{\underline{y}}^{K+1})$ (k = 1,...,K) werden optimale Basislösungen

$$\tilde{\underline{x}}^k \qquad (k = 1,\ldots,K)$$

bestimmt. Die Indexmengen der Basis- und Nichtbasisvariablen werden wiederum mit $\tilde{M}_1^k$ und $\tilde{M}_2^k$ (k = 1,...,K) bezeichnet. Weiter werden für k = 1,...,K die im Abschnitt 1.2.1.1 eingeführten Größen

$$\tilde{\underline{A}}^k,\ \underline{A}_i^k,\ \underline{B}_i^k,\ \underline{c}_i^k,\ \underline{x}_i^k \qquad (i = 1,2) \qquad (1.58)$$

und Bezeichnungen (1.42) benutzt. Zusätzlich werden für $P_k(\tilde{\underline{y}}^{K+1})$ (k = 1,...,K) die Elemente $\hat{c}_j^k$ (k = 1,...,K; j = 1,...,n_k) der Zielfunktionszeilen in den zu den gegebenen optimalen Basislösungen gehörenden Simplextableaus benötigt, d.h.

---

[1] Vgl. BALAS [1966].

[2] Im ersten Iterationsschritt wähle man ein beliebiges $\tilde{\underline{y}}^{K+1} \varepsilon R^{m^{K+1}}$ und löse $P_k(\tilde{\underline{y}}^{K+1})$ (k = 1,...,K). Besitzt eines dieser Teilprogramme keine zulässige Lösung, so hat das Programm (1.21) keine optimale Lösung, anderenfalls ist $\tilde{\underline{y}}^{K+1} \varepsilon Y^{K+1}$ (vgl. Abschnitt 1.2.1.1).

$$\hat{c}_j^k := 0 \qquad (j \in \tilde{M}_1^k)$$

$$\hat{c}_j^k := - c_{2j}^{*k} + \sum_{i=1}^{m_{K+1}} b_{2ij}^{*k} \tilde{y}_i^{K+1} \quad (j \in \tilde{M}_2^k)$$

$$(k = 1,\ldots,K) \tag{1.59}$$

mit den Bezeichnungen

$$\underline{B}_2^{*k} = (b_{2ij}^{*k}) \quad \begin{matrix} i=1,\ldots,m_{K+1} \\ j\in\tilde{M}_2^k \end{matrix}$$

$$\underline{c}_2^{*k} = (c_{2j}^{*k}) \quad j\in\tilde{M}_2^k$$

$$(k = 1,\ldots,K). \tag{1.60}$$

Ferner sei

$$\tilde{N}^k := \{j \in \tilde{M}_2^k \mid \hat{c}_j^k = 0\}$$

$$(k = 1,\ldots,K), \tag{1.61}$$

und es bezeichne

$$\underline{\tilde{A}}^k \underline{A}_2^k = (\tilde{a}_{2ij}^k) \quad \begin{matrix} i=1,\ldots,m_k \\ j\in\tilde{M}_2^k \end{matrix}$$

$$(k = 1,\ldots,K). \tag{1.62}$$

Aus $\underline{\tilde{y}}^{K+1}$ wird mit Hilfe der Beziehungen (1.41) eine zulässige Lösung

$$\underline{\tilde{y}}^k \ (k = 1,\ldots,K+1) \tag{1.39}$$

des strukturierten Problems (1.21) ermittelt. Für $k = 1,\ldots,K$ sind $\underline{\tilde{y}}^k$ gerade die zu $\underline{\tilde{x}}^k$ dualen Lösungen.

Zur Prüfung der Optimalität von (1.39) wird der folgende Satz benutzt.

Satz 1.16 (Optimalitätskriterium)

Es sei

$$\underline{x}^{*k} \qquad (k = 1,\dots,K) \tag{1.63}$$

ein System von optimalen Lösungen (nicht notwendig Basislösungen) der Teilprogramme $P_k(\tilde{\underline{y}}^{K+1})$ $(k = 1,\dots,K)$.

Die Lösungen (1.39) und (1.63) sind genau dann optimale Lösungen der strukturierten Programme (1.21) und (1.1), wenn (1.63) das Gleichungssystem

$$\sum_{k=1}^{K} \underline{B}^k \underline{x}^k = \underline{b}^{K+1} \tag{1.64}$$

erfüllt. †

(i) Erfüllt zum Beweis die Lösung (1.63) das System (1.64) nicht, so ist (1.63) keine zulässige und damit keine optimale Lösung von (1.1).

(ii) Die Lösung (1.63) erfülle das Gleichungssystem (1.64). (1.63) ist also eine zulässige Lösung von (1.1). Da (1.39) eine zulässige Lösung von (1.21) ist, genügt es zu zeigen, daß die zu (1.39)und (1.63) gehörenden Zielfunktionswerte übereinstimmen. Hierzu beachte man, daß aus der Tatsache, daß für $k = 1,\dots,K$ $\underline{x}^{*k}$ und $\tilde{\underline{y}}^k$ optimale Lösungen von $P_k(\tilde{\underline{y}}^{K+1})$ und $D_k(\tilde{\underline{y}}^{K+1})$ sind

$$\underline{b}^{kT}\tilde{\underline{y}}^k = (\underline{c}^k - \underline{B}^{kT}\tilde{\underline{y}}^{K+1})^T \underline{x}^{*k}$$

$$(k = 1,\dots,K) \tag{1.65}$$

folgt. Multipliziert man (1.64) von links mit $(\tilde{\underline{y}}^{K+1})^T$ und setzt $\underline{x}^k = \underline{x}^{*k}$ $(k = 1,\ldots,K)$, so erhält man

$$(\underline{b}^{K+1})^T\tilde{\underline{y}}^{K+1} = \sum_{k=1}^{K} (\underline{B}^{kT}\tilde{\underline{y}}^{K+1})^T\underline{x}^{*k}. \qquad (1.66)$$

Aus (1.65) und (1.66) ergibt sich die Gleichheit der entsprechenden Zielfunktionswerte und damit die Optimalität von (1.39) und (1.63). ††

Um nun zu prüfen, ob ein System (1.63) mit der in Satz 1.16 verlangten Eigenschaft existiert, wird in einem Hauptprogramm dasjenige System

$$\bar{\underline{x}}^k \; (k = 1,\ldots,K) \qquad (1.67)$$

von optimalen Lösungen der primalen Teilprogramme $P_k(\tilde{\underline{y}}^{K+1})$ $(k = 1,\ldots,K)$ bestimmt, das die Unzulässigkeit in (1.64) minimiert. Hierzu muß zuerst die Gesamtheit aller optimalen Lösungen von $P_k(\tilde{\underline{y}}^{K+1})$ $(k = 1,\ldots,K)$ bestimmt werden. Da die zulässigen Bereiche der primalen Teilprogramme als beschränkt vorausgesetzt werden, läßt sich die Gesamtheit aller optimalen (auch der Nichtbasis-)Lösungen wie folgt aus den optimalen Basislösungen $\tilde{\underline{x}}^k$ $(k = 1,\ldots,K)$ ableiten. Mit der Bezeichnung (1.62) erhält man die Gesamtheit aller optimalen Lösungen von $P_k(\tilde{\underline{y}}^{K+1})$ $(k = 1,\ldots,K)$ als die Gesamtheit aller nichtnegativen Vektoren $\underline{x}^{*k}$ mit den Komponenten

$$x_i^{*k} = \begin{cases} \tilde{x}_i^k - \sum_{j\in\tilde{N}^k} \tilde{a}_{2ij}^k x_j^k & (i \in \tilde{M}_1^k) \\ x_i^k & (i \in \tilde{N}^k) \\ 0 & (i \in \tilde{M}_2^k - \tilde{N}^k) \end{cases}$$

$$x_i^{*k} \geq 0 \qquad (i = 1,\ldots,n_k)$$

$$(k = 1,\ldots,K). \qquad (1.68)$$

Das Hauptprogramm erhält man, indem man (1.68) in das Gleichungssystem (1.64) einsetzt und die Unzulässigkeit des Systems minimiert. Mit den Bezeichnungen (1.60) und (1.42) und mit der Beziehung $\tilde{\underline{x}}_1^k = \tilde{\underline{A}}^k \underline{b}^k$ (k = 1,...,K) ergibt sich das folgende lineare Programm,

maximiere

$$z = - \sum_{i=1}^{m_{K+1}} z_i' - \sum_{i=1}^{m_{K+1}} z_i''$$

unter den Nebenbedingungen (1.69)

$$z_i' - z_i'' + \sum_{k=1}^{K} \sum_{j \varepsilon \tilde{N}^k} b_{2ij}^{*k} \; x_j^k = b_i^{*K+1} \qquad (i = 1,\ldots,m_{K+1})$$

$$\sum_{j \varepsilon \tilde{N}^k} \tilde{a}_{2ij}^k \; x_j^k \leq \tilde{x}_i^k \qquad (i \; \varepsilon \; \tilde{M}_1^k)$$

$$z_i', \; z_i'' \geq 0 \qquad (i = 1,\ldots,m_{K+1})$$

$$x_j^k \geq 0 \qquad (j \; \varepsilon \; \tilde{N}^k)$$

$$(k = 1,\ldots,K).$$

Man beachte, daß (1.69) immer eine optimale Basislösung

$$\bar{z}_i', \; \bar{z}_i'' \qquad (i = 1,\ldots,m_{K+1})$$

$$\bar{x}_j^k \qquad (j \; \varepsilon \; \tilde{N}^k, \; k = 1,\ldots,K) \qquad (1.70)$$

besitzt und daß der optimale Zielfunktionswert $\bar{z}$ immer kleiner oder gleich Null ist.

Ist $\bar{z}$ = 0, so erhält man aus (1.68), indem dort (1.70) eingesetzt wird, eine zulässige Lösung

$$\bar{\underline{x}}^k \quad (k = 1,\ldots,K) \tag{1.71}$$

von (1.1), und nach Satz 1.16 sind (1.39) und (1.71) optimale Lösungen von (1.21) und (1.1).

Ist $\bar{z} < 0$, so wird mit Hilfe des zu (1.69) dualen Programms ein besseres $\tilde{\tilde{\underline{y}}}^{K+1} \varepsilon Y^{K+1}$ bestimmt.

Es sei darum jetzt

$$\bar{\underline{y}}^{K+1}, \quad \bar{\underline{s}}^k := (\bar{s}_i^k)_{i\varepsilon \tilde{M}_1^k}$$

$$(k = 1,\ldots,K) \tag{1.72}$$

eine optimale Basislösung des zum Hauptprogramm (1.69) dualen Programms,

minimiere

$$Z = \sum_{k=1}^{K} \sum_{i\varepsilon \tilde{M}_1^k} \tilde{x}_i^k s_i^k + (\underline{b}^{*K+1})^T \underline{y}^{K+1}$$

unter den Nebenbedingungen (1.73)

$$\sum_{i\varepsilon \tilde{M}_1^k} \tilde{a}_{2ij}^k s_i^k + \sum_{i=1}^{m_{K+1}} b_{2ij}^{*k} y_i^{K+1} \geq 0 \qquad (j \varepsilon \tilde{N}^k)$$

$$-1 \leq y_i^{K+1} \leq 1 \qquad (i = 1,\ldots,m_{K+1})$$

$$s_i^k \geq 0 \qquad (i \varepsilon \tilde{M}_1^k)$$

$$(k = 1,\ldots,K).$$

Zur Bestimmung von $\tilde{\tilde{\underline{y}}}^{K+1}$ werden die beiden folgenden Fälle unterschieden.

(i) Es gilt $\bar{\underline{s}}^k = \underline{o}$ für alle $k = 1,\ldots,K$. Man berechnet (vgl. (1.59) und (1.60))

$$\bar{\theta} := \inf \{+\infty, \frac{\hat{c}_j^k}{-\sum_{i=1}^{m_{K+1}} b_{2ij}^{*k} \bar{y}_i^{K+1}} \mid$$

$$\left.\begin{array}{l} \sum_{i=1}^{m_{K+1}} b_{2ij}^{*k} \bar{y}_i^{K+1} < 0 \quad (j \in \tilde{M}_2^k - \tilde{N}^k) \\ \qquad\qquad (k = 1,\ldots,K) \end{array}\right\}. \tag{1.74}$$

BALAS zeigt, daß das Programm (1.21) eine unbeschränkte Lösung besitzt, falls $\bar{\theta} = +\infty$ ist, und daß man anderenfalls mit

$$\approx{\underline{y}}^{K+1} := \tilde{\underline{y}}^{K+1} + \bar{\theta}\, \bar{\underline{y}}^{K+1} \tag{1.75}$$

ein besseres $\underline{\approx{y}}^{K+1} \in Y^{K+1}$ erhält[1].

Die spezielle Wahl von $\bar{\theta}$ und damit auch von $\underline{\approx{y}}^{K+1}$ wird jedoch von BALAS nicht weiter motiviert. Im folgenden Abschnitt 1.2.2.2 wird $\bar{\theta}$ als eine spezielle Größe der Methode der zulässigen Richtungen interpretiert, aus der dann u.a. unmittelbar folgt, daß man mit (1.75) ein besseres $\underline{\approx{y}}^{K+1} \in Y^{K+1}$ erhält.

(ii) Nicht für alle $k = 1,\ldots,K$ gilt $\bar{\underline{s}}^k = \underline{o}$[2]. Man bestimmt für $P_k(\tilde{\underline{y}}^{K+1})$ $(k = 1,\ldots,K)$ mit Hilfe des folgenden Satzes 1.17 ein alternatives System von optimalen Basislösungen mit den Indexmengen $\tilde{M}_1'^k$ und $\tilde{M}_2'^k$ der Basis- und Nichtbasisvariablen, so daß für die optimale Basislösung

$$\bar{\underline{y}}'^{K+1},\ \bar{\underline{s}}'^k := (\bar{s}_i'^k)_{i \in \tilde{M}_1'^k}$$

$$(k = 1,\ldots,K) \tag{1.76}$$

---

[1] Zum Beweis vgl. BALAS [1966], S. 854 f.

[2] Aus (1.73) ergibt sich, daß $\bar{\underline{s}}^k \neq \underline{o}$ nur dann gilt, wenn $\tilde{N}^k \neq \emptyset$ ist $(k \in \{1,\ldots,K\})$.

des Programms, das mit dem neuen System von Basislösungen dem Programm (1.73) entspricht,

$$\bar{\underline{y}}'^{K+1} = \bar{\underline{y}}^{K+1} \text{ und } \bar{\underline{s}}'^{k} = \underline{o}$$

$$(k = 1,\dots,K) \qquad (1.77)$$

gilt. Wie in (i) bestimmt man mit dem neuen System von Basislösungen ein $\bar{\theta}'$ und damit ein besseres $\approx\underline{y}^{K+1} := \tilde{\underline{y}}^{K+1} + \bar{\theta}'\, \bar{\underline{y}}^{K+1}$.

<u>Satz 1.17</u>

Es sei (1.72) eine optimale Basislösung des Programms (1.73), und der optimale Zielfunktionswert $\bar{Z} = \bar{z}$ sei kleiner Null.

Ist die Indexmenge

$$K' := \{k' \in \{1,\dots,K\} \mid \bar{\underline{s}}^{k'} \neq \underline{o}\} \qquad (1.78)$$

nicht leer, so existiert für alle $k' \in K'$ eine alternative optimale Basislösung von $P_{k'}(\tilde{\underline{y}}^{K+1})$ mit den Indexmengen $\tilde{M}_1'^{k'}$ und $\tilde{M}_2'^{k'}$ der Basis- und Nichtbasisvariablen, so daß mit $\tilde{M}_1'^{k} := \tilde{M}_1^{k}$ und $\tilde{M}_2'^{k} := \tilde{M}_2^{k}$ ($k \notin K'$, $k \in \{1,\dots,K\}$) für die optimale Basislösung (1.76) des Programms, das mit dem neuen System von optimalen Basislösungen mit den Indexmengen $\tilde{M}_1'^{k}$ und $\tilde{M}_2'^{k}$ ($k = 1,\dots,K$) dem Programm (1.73) entspricht, (1.77) gilt.

Ist für $k' \in K'$ $s_{j'}^{k'} > 0$ ($j' \in \tilde{M}_1^{k'}$), so erhält man die neue alternative optimale Basis von $P_{k'}(\tilde{\underline{y}}^{K+1})$, indem man die Basisvariable $x_{j'}^{k'}$ gegen eine Nichtbasisvariable $x_j^{k'}$ mit

$$j \in \{j \in \tilde{N}^{k'} \mid \sum_{i \in \tilde{M}_1^{k'}} \tilde{a}_{2ij}^{k'} \bar{s}_i^{k'} +$$

$$\sum_{i=1}^{m_{K+1}} b_{2ij}^{*k'} \bar{y}_i^{K+1} = 0\} \qquad (1.79)$$

austauscht. †[1]

Dieser Satz wird im Abschnitt 1.2.2.2 mit Hilfe der Methode der zulässigen Richtungen bewiesen.

1.2.2.2. Der Zusammenhang des Verfahrens von BALAS mit der Methode der zulässigen Richtungen

Es wird gezeigt, daß das Verfahren von BALAS eine Methode der zulässigen Richtungen ist, die auf ein zu dem strukturierten Programm (1.21) äquivalentes Programm angewandt wird. Da - falls keine Zyklen auftreten - die Methode der zulässigen Richtungen endlich ist, folgt hieraus sofort die Endlichkeit des Verfahrens von BALAS.

Zuerst wird die Methode der zulässigen Richtungen für das folgende allgemeine lineare Programm dargestellt[2],

minimiere

$$Z = \underline{b}^T \underline{y}$$

unter den Nebenbedingungen (1.80)

$$\underline{A}^T \underline{y} \geq \underline{c},$$

mit $\underline{A}$ eine $(m \times n)$-Matrix, $\underline{b}, \underline{y} \in \mathbb{R}^m$ und $\underline{c} \in \mathbb{R}^n$.

---

[1] Zum Beweis vgl. BALAS [1966], S. 869 ff.

[2] Vgl. ZOUTENDIJK [1960], S. 96 ff. Neuere Darstellungen findet man in HADLEY [1969], S. 356 ff. und ZANGWILL [1960], S. 270 ff.

Definition 1.18

Es sei $\tilde{\underline{y}}$ eine zulässige Lösung von (1.80). Ein Vektor $\underline{y} \in \mathbb{R}^m$ heißt eine in bezug auf $\tilde{\underline{y}}$ zulässige Richtung, falls es ein $\theta \in \mathbb{R}$ $(\theta > 0)$ gibt, so daß

$$\tilde{\underline{y}} + \theta\,\underline{y}$$

ebenfalls eine zulässige Lösung von (1.80) ist. †

Das folgende Lemma liefert eine algebraische Darstellung der Gesamtheit aller zulässigen Richtungen bezüglich $\tilde{\underline{y}}$. Hierzu bezeichnen $\underline{s} \in \mathbb{R}^n$ den Vektor der nichtnegativen Schlupfvariablen von (1.80) und speziell

$$\tilde{\underline{s}} := \underline{A}^T\tilde{\underline{y}} - \underline{c}$$

und

$$M(\tilde{\underline{y}}) := \{j \in \{1,\ldots,n\} \mid \tilde{s}_j = 0\}. \qquad (1.81)$$

Lemma 1.19

Für die Gesamtheit aller zulässigen Richtungen $D(\tilde{\underline{y}})$ in bezug auf $\tilde{\underline{y}}$ gilt

$$D(\tilde{\underline{y}}) = \{\underline{y} \in \mathbb{R}^m \mid \sum_{i=1}^{m} a_{ij}y_i \geq 0 \;(j \in M(\tilde{\underline{y}}))\}. \dagger \qquad (1.82)$$

Die Behauptung von Lemma 1.19 ist unmittelbar einsichtig. ††

Die Methode der zulässigen Richtungen besteht nun darin, ausgehend von einer zulässigen Lösung $\tilde{\underline{y}}$ von (1.80) mit Hilfe des Programms,

minimiere

$$Z = \underline{b}^T \underline{y}$$

unter den Nebenbedingungen (1.83)

$$\underline{y} \in D(\tilde{\underline{y}}) \text{ und } \underline{y} \in S \subset \mathbb{R}^m,$$

eine bessere zulässige Lösung $\tilde{\tilde{\underline{y}}}$ von (1.80) zu bestimmen.

In (1.83) bedeutet $\underline{y} \in S$ eine zusätzliche Beschränkung, die sicherstellt, daß das Programm (1.83) eine optimale Lösung besitzt. Gewöhnlich ist S durch obere und/oder untere Schranken für gewisse Komponenten von $\underline{y}$ charakterisiert.

Offenbar ist der optimale Zielfunktionswert $\bar{Z}$ von (1.83) immer kleiner oder gleich Null. Gilt $\bar{Z} = 0$, so ist $\tilde{\underline{y}}$ eine optimale Lösung von (1.80).

Sind andererseits $\bar{Z} < 0$ und $\bar{\underline{y}}$ eine optimale Lösung von (1.83), so bestimmt man ein maximales $\bar{\theta}$, so daß

$$\tilde{\tilde{\underline{y}}} := \tilde{\underline{y}} + \bar{\theta}\, \bar{\underline{y}}$$

eine zulässige Lösung von (1.80) ist, d.h.

$$\bar{\theta} := \sup \{\theta \in \mathbb{R} \mid \underline{A}^T(\tilde{\underline{y}} + \theta\, \bar{\underline{y}}) \geq \underline{c}\}. \quad (1.84)$$

Ist $\bar{\theta} = +\infty$, so besitzt (1.80) eine unbeschränkte Lösung. Anderenfalls liefert $\tilde{\tilde{\underline{y}}}$ eine bessere zulässige Lösung von (1.80).

Falls keine Zyklen auftreten, liefert die Methode der zulässigen Richtungen nach endlich vielen Iterationen eine unbeschränkte oder eine optimale Lösung von (1.80)[1].

Die Methode der zulässigen Richtungen wird nun zur Lösung des strukturierten Programms (1.21) benutzt, und zwar in der Weise, daß das hieraus abgeleitete Lösungsverfahren mit der Unzulässigkeitsmethode von BALAS übereinstimmt. Wie beim Verfahren von BALAS sei $\tilde{\underline{y}}^{K+1} \in Y^{K+1}$ gegeben. Es seien

$$\tilde{\underline{x}}^{k} \quad (k = 1,\ldots,K)$$

optimale Basislösungen der primalen Teilprogramme $P_k(\tilde{\underline{y}}^{K+1})$ $(k = 1,\ldots,K)$ mit den Indexmengen $\tilde{M}_1^k$ und $\tilde{M}_2^k$ der Basis- und Nichtbasisvariablen und

$$\tilde{\underline{y}}^{k} \quad (k = 1,\ldots,K) \tag{1.85}$$

dazu duale optimale Lösungen von $D_k(\tilde{\underline{y}}^{K+1})$ $(k = 1,\ldots,K)$. Offenbar ist

$$\tilde{\underline{y}}^{k} \quad (k = 1,\ldots,K+1) \tag{1.39}$$

eine zulässige Lösung von (1.21) (vgl. Abschnitt 1.2.2.1).

Es ist das Ziel der folgenden Überlegungen, aus (1.39) mit Hilfe der Methode der zulässigen Richtungen eine bessere zulässige Lösung von (1.21) zu ermitteln. Damit das im folgenden zu entwickelnde Lösungsverfahren mit dem von BALAS übereinstimmt, wird die Methode der zulässigen Richtungen nicht auf das ursprüngliche Problem (1.21), sondern auf ein äquivalentes Problem angewandt.

---

[1] Vgl. hierzu ZOUTENDIJK [1960], S. 96 ff.

Zur Herleitung dieses äquivalenten Problems werden zuerst in den zu den oben ermittelten Basisvariablen x_i^k ($i \in \tilde{M}_1^k$; $k = 1,\dots,K$) gehörenden Nebenbedingungen von (1.21) nichtnegative Schlupfvariablen s_i^k ($i \in \tilde{M}_1^k$, $k = 1,\dots,K$) eingeführt. Mit den Vektoren (vgl. (1.72))

$$\underline{s}^k := (s_i^k)_{i\in\tilde{M}_1^k} \qquad (k = 1,\dots,K) \tag{1.86}$$

erhält man mit den Bezeichnungen (1.58) das folgende zu (1.21) äquivalente Programm,

minimiere

$$Z = \sum_{k=1}^{K+1} \underline{b}^{kT}\underline{y}^k$$

unter den Nebenbedingungen (1.87)

$$\underline{A}_1^{kT}\,\underline{y}^k + \underline{B}_1^{kT}\,\underline{y}^{K+1} - \underline{s}^k = \underline{c}_1^k$$

$$\underline{A}_2^{kT}\,\underline{y}^k + \underline{B}_2^{kT}\,\underline{y}^{K+1} \geq \underline{c}_2^k$$

$$\underline{s}^k \geq \underline{o} \qquad (k = 1,\dots,K).$$

Aus der ersten Gruppe der Nebenbedingungen von (1.87) ergibt sich durch Multiplikation mit $\underline{A}^{kT}$ (vgl. (1.41))

$$\underline{y}^k = \tilde{\underline{A}}^{kT}(\underline{c}_1^k - \underline{B}_1^{kT}\,\underline{y}^{K+1}) + \tilde{\underline{A}}^{kT}\underline{s}^k \qquad (k = 1,\dots,K). \tag{1.88}$$

Substituiert man (1.88) in (1.87), so erhält man mit den Bezeichnungen (1.42) und den Beziehungen

$$\tilde{\underline{x}}_1^k = \tilde{\underline{A}}^k\underline{b}^k \qquad (k = 1,\dots,K) \tag{1.89}$$

das folgende ebenfalls zu (1.21)äquivalente Programm (vgl. (1.43)),

minimiere

$$Z = \sum_{k=1}^{K} \tilde{\underline{x}}_1^{kT} \underline{s}^k + (\underline{b}^{*K+1})^T \underline{y}^{K+1} + z^*$$

unter den Nebenbedingungen (1.90)

$$(\tilde{\underline{A}}^k \underline{A}_2^k)^T \underline{s}^k + \underline{B}_2^{*kT} \underline{y}^{K+1} \geq \underline{c}_2^{*k}$$

$$\underline{s}^k \geq \underline{o} \qquad (k = 1,\dots,K).$$

Zwischen den optimalen Lösungen von (1.21) und (1.90) besteht also die Beziehung (1.88). Aus der zulässigen Lösung (1.39) des Programms (1.21) erhält man nach (1.88) eine zulässige Lösung

$$\tilde{\underline{y}}^{K+1}, \ \tilde{\underline{s}}^k \ (k = 1,\dots,K) \qquad (1.91)$$

mit $\tilde{\underline{s}}^k = \underline{o}$ $(k = 1,\dots,K)$ von (1.90).

Ausgehend von der zulässigen Lösung (1.91) wird nun auf das Programm (1.90) die Methode der zulässigen Richtungen angewandt. Da nach der Definition von $\tilde{N}^k$ $(k = 1,\dots,K)$ (vgl. (1.61))

$$M(\tilde{\underline{y}}^{K+1}, \tilde{\underline{s}}^k \ (k = 1,\dots,K)) = \bigcup_{k=1}^{K} (\tilde{N}^k \cup \tilde{M}_1^k)$$ [1]

gilt (zur Definition von $M(\tilde{\underline{y}}^{K+1}, \tilde{\underline{s}}^k \ (k = 1,\dots,K))$ vgl. (1.81)), erhält man mit den Bezeichnungen (1.60) und (1.62) für das Programm, das dem Programm (1.83) entspricht, gerade das Programm (1.73) des Verfahrens von BALAS, wenn man zusätzlich die Menge S durch das System der folgenden Ungleichungen

---

[1] Für $k = 1,\dots,K$ entsprechen die Indexmengen $\tilde{M}_1^k$ den Nebenbedingungen $\underline{s}^k \geq \underline{o}$ von (1.90).

$$- 1 \leq y_i^{K+1} \leq 1$$

$$(i = 1,\ldots,m_{K+1}) \qquad (1.92)$$

charakterisiert.

Es sei also jetzt

$$\bar{\underline{y}}^{K+1}, \bar{\underline{s}}^k \quad (k = 1,\ldots,K) \qquad (1.72)$$

eine optimale Lösung dieses Programms (1.73). Ist der optimale Zielfunktionswert $\bar{Z}$ von (1.73) gleich Null, so folgt aus der Methode der zulässigen Richtungen, daß (1.91) eine optimale Lösung von (1.90) und damit daß (1.39) eine optimale Lösung von (1.21) sind.

Gilt $\bar{Z} < 0$, so werden wie bei BALAS die beiden folgenden Fälle unterschieden.

(i) Es gilt $\bar{\underline{s}}^k = \underline{o}$ für alle $k = 1,\ldots,K$.
Nach der Methode der zulässigen Richtungen wird ein $\bar{\theta}$ und hieraus ein besseres

$$\tilde{\tilde{\underline{y}}}^{K+1} = \tilde{\underline{y}}^{K+1} + \bar{\theta}\, \bar{\underline{y}}^{K+1} \qquad (1.75)$$

aus Y^{K+1} bestimmt. Nach (1.84) erhält man für $\bar{\theta}$, da für alle $k = 1,\ldots,K$ $\tilde{\underline{s}}^k = \bar{\underline{s}}^k = \underline{o}$ (vgl.(1.91)) gilt, mit den Bezeichnungen (1.59) und (1.60)

$$\bar{\theta} = \sup \{\theta \in \mathbb{R} \mid \underline{B}_2^{*kT}(\tilde{\underline{y}}^{K+1} + \theta\, \bar{\underline{y}}^{K+1}) \geq \underline{c}_2^{*k} \quad (k = 1,\ldots,K)\}$$

$$= \sup \{\theta \in \mathbb{R} \mid \left.\begin{array}{l} \theta(- \sum_{i=1}^{m_{K+1}} b^{*k}_{2ij} \bar{y}_i^{K+1}) \leq \hat{c}_j^k \\ (j \in \tilde{M}_2^k;\ k = 1,\ldots,K) \end{array}\right\}. \qquad (1.93)$$

Offenbar ist der rechte Ausdruck von (1.93) gleich dem rechten Ausdruck von (1.74). Es fällt also $\bar{\theta}$ mit dem entsprechenden Wert bei BALAS zusammen.

Gilt $\bar{\theta} = +\infty$, so folgt aus der Methode der zulässigen Richtungen, daß das Programm (1.90) und damit wegen der Äquivalenz auch das Programm (1.21) eine unbeschränkte Lösung besitzen. Gilt $\bar{\theta} < +\infty$, so liefert

$$\begin{aligned} \tilde{\tilde{y}}^{K+1} &:= \tilde{y}^{K+1} + \bar{\theta}\, \bar{y}^{K+1} \\ \tilde{\tilde{s}}^{k} &:= \tilde{s}^{k} + \bar{\theta}\, \bar{s}^{k} = o \\ & \qquad (k = 1,\ldots,K) \end{aligned}$$

eine bessere zulässige Lösung von (1.90).

Da die Programme (1.90) und (1.87) äquivalent sind, erhält man hieraus nach (1.88) eine bessere zulässige Lösung von (1.87) und damit wegen der Äquivalenz von (1.87) und (1.21) auch eine bessere zulässige Lösung von (1.21). Da die zulässigen Bereiche von $P_k(y^{K+1})$ $(k = 1,\ldots,K)$ nicht leer und beschränkt sind, folgt schließlich $\tilde{\tilde{y}}^{K+1} \in Y^{K+1}$.

(ii) Nicht für alle $k = 1,\ldots,K$ gilt $\bar{s}^k = o$. Nach Satz 1.17 von BALAS, der anschließend bewiesen wird, bestimmt man ein alternatives System von optimalen Basislösungen für $P_k(\tilde{y}^{K+1})$ $(k = 1,\ldots,K)$ und verfährt wie in (i).

Es soll jetzt Satz 1.17 bewiesen werden. Hierzu wird das folgende Lemma benötigt.

Wendet man - ausgehend von der zulässigen Lösung (1.39) - auf das ursprüngliche Problem (1.21) die Methode der zulässigen Richtungen an, so erhält man für das Programm, das dem Programm (1.83) entspricht, das folgende lineare Programm,

minimiere

$$Z = \sum_{k=1}^{K+1} \underline{b}^{kT} \underline{y}^k$$

unter den Nebenbedingungen (1.94)

$$\sum_{i=1}^{m_k} a_{ij}^k \, y_i^k + \sum_{i=1}^{m_{K+1}} b_{ij}^k \, y_i^{K+1} \geq 0$$

$$(j \in \tilde{M}_1^k \cup \tilde{N}^k)$$

$$-1 \leq y_i^{K+1} \leq 1 \quad (i = 1,\ldots,m_{K+1})$$

$$(k = 1,\ldots,K).$$

Hierbei ist S wiederum durch die Ungleichungen (1.92) charakterisiert, und a_{ij}^k bzw. b_{ij}^k sind die Elemente von $\underline{A}^k$ bzw. $\underline{B}^k$ ($k = 1,\ldots,K$; $i = 1,\ldots,m_k$; $j = 1,\ldots,n_k$). Das folgende Lemma setzt das Programm (1.94) zum Programm (1.73) in Beziehung.

Lemma 1.20

Die Programme (1.73) und (1.94) sind äquivalent.

Zwischen den optimalen Lösungen dieser Programme besteht die Beziehung

$$\underline{y}^k = \tilde{\underline{A}}^{kT}(\underline{s}^k - \underline{B}_1^{kT} \, \underline{y}^{K+1})$$

$$(k = 1,\ldots,K). \dagger \qquad (1.95)$$

Zum Beweis beachte man, daß man mit den Bezeichnungen (1.42), (1.60) und (1.62) das Programm (1.73) durch die Substitution (1.95) aus dem Programm (1.94) erhält. ††

Mit Hilfe von Lemma 1.20 läßt sich nun Satz 1.17 sehr leicht beweisen. Da (1.72) eine optimale Basislösung des Programms (1.73) ist, erhält man hieraus nach Lemma 1.20, insbesondere (1.95), eine optimale Basislösung

$$\bar{\underline{y}}^k \quad (k = 1,\ldots,K+1) \tag{1.96}$$

des Programms (1.94). Da für k = 1,...,K

$$\text{Rang}\left((a_{ij}^k)_{\substack{i=1,\ldots,m_k \\ j\in\tilde{M}_1^k \cup \tilde{N}^k}} \right) = m_k \ ^{1}$$

gilt, folgt aus der speziellen Struktur der Koeffizientenmatrix von (1.94), daß im Punkte (1.96) mindestens m_k der Ungleichungen

$$\sum_{i=1}^{m_k} a_{ij}^k\, y_i^k + \sum_{i=1}^{m_{K+1}} b_{ij}^k\, y_i^{K+1} \geq 0$$

$$(j \in \tilde{M}_1^k \cup \tilde{N}^k)$$

als Gleichungen erfüllt sind. Zum Beweis beachte man, daß man für k = 1,...,K $\bar{\underline{y}}^k$ als optimale Lösung des Programms,

minimiere

$$Z = \underline{b}^{kT}\underline{y}^k$$

---

[1] Man beachte, daß Rang ($\underline{A}^k$) = $m_k \leq n_k$ (k = 1,...,K) gilt (vgl. (1.1)).

unter den Nebenbedingungen (1.97)

$$\sum_{i=1}^{m_k} a_{ij}^k \, y_i^k \geq - \sum_{i=1}^{m_{K+1}} b_{ij}^k \, \bar{y}_i^{K+1}$$

$$(j \in \tilde{M}_1^k \cup \tilde{N}^k),$$

erhält. Geht man zu dem zu (1.97) dualen Programm über, so folgt die obige Behauptung aus dem Complementary-Slackness-Theorem der Dualitätstheorie.

Es lassen sich also für $k = 1,\ldots,K$ Indexmengen $\tilde{M}_1'^k \subset \tilde{M}_1^k \cup \tilde{N}^k$, die jeweils m_k Elemente enthalten, angeben, so daß

$$(a_{ij}^k)_{\substack{i=1,\ldots,m_k \\ j\in\tilde{M}_1'^k}}$$

eine optimale Basismatrix von $P_k(\tilde{y}^{K+1})$ ist und für alle $j \in \tilde{M}_1'^k$

$$\sum_{i=1}^{m_k} a_{ij}^k \, \bar{y}_i^k + \sum_{i=1}^{m_{K+1}} b_{ij}^k \, \bar{y}_i^{K+1} = 0 \qquad (1.98)$$

gilt. Setzt man $\tilde{M}_2'^k := \{1,\ldots,K\} - \tilde{M}_1'^k$ $(k = 1,\ldots,K)$, so ist mit den Indexmengen $\tilde{M}_1'^k$ und $\tilde{M}_2'^k$ $(k = 1,\ldots,K)$ ein System von optimalen Basislösungen von $P_k(\tilde{y}^{K+1})$ $(k = 1,\ldots,K)$ gefunden, das wegen (1.98) die in Satz 1.17 verlangte Eigenschaft besitzt.

Da schließlich wegen der zwischen den Programmen (1.73) und (1.94) bestehenden Beziehungen (1.95) die Indexmengen

$$\{j \in \tilde{N}^{k'} \mid \sum_{i=1}^{m_{k'}} a_{ij}^{k'} \, \bar{y}_i^k + \sum_{i=1}^{m_{K+1}} b_{ij}^{k'} \, \bar{y}_i^{K+1} = 0\} \qquad (k' \in K')$$

mit den Indexmengen (1.79) übereinstimmen, ist damit Satz 1.17 vollständig bewiesen.

2. Dekompositionsverfahren zur Lösung blockdiagonaler linearer Programme mit verbindenden Nebenbedingungen und verbindenden Variablen

Während im ersten Kapitel strukturierte lineare Programme mit verbindenden Nebenbedingungen oder verbindenden Variablen behandelt werden, werden jetzt strukturierte Probleme mit verbindenden Nebenbedingungen und verbindenden Variablen (vgl. Einleitung, Abb. 5) betrachtet. Offenbar besitzt das duale Programm eines blockdiagonalen linearen Programms mit verbindenden Nebenbedingungen und verbindenden Variablen die gleiche Struktur. Um die Ähnlichkeit zwischen dem primalen und dualen Programm noch zu vergrößern, wird von dem folgenden strukturierten linearen Programm ausgegangen, in dem alle Variablen vorzeichenbeschränkt und alle Nebenbedingungen als Ungleichungen formuliert sind und in dem in Anlehnung an KRONSJÖ im Unterschied zur Abb. 5 ohne Beschränkung der Allgemeinheit die Koeffizientenmatrix durch die Matrizen $\underline{B}^o$ und $\underline{D}^o$ erweitert wird,

maximiere

$$z = \sum_{k=0}^{K+1} \underline{c}^{kT} \underline{x}^k$$

unter den Nebenbedingungen (2.1)

$$\begin{array}{lllll}
 & & & \underline{D}^o \underline{x}^{K+1} & \leq \underline{b}^o \\
\underline{A}^1 \underline{x}^1 + & & & \underline{D}^1 \underline{x}^{K+1} & \leq \underline{b}^1 \\
 & \ddots & & \vdots & \vdots \\
 & & \underline{A}^K \underline{x}^K + & \underline{D}^K \underline{x}^{K+1} & \leq \underline{b}^K \\
\underline{B}^o \underline{x}^o + \underline{B}^1 \underline{x}^1 + & \ldots & + \underline{B}^K \underline{x}^K + & \underline{A}^{K+1} \underline{x}^{K+1} & \leq \underline{b}^{K+1}
\end{array}$$

$$\underline{x}^k \geq \underline{o} \quad (k = 0,\ldots,K+1).$$

Hierbei seien für $k = 1,\ldots,K+1$, $\underline{A}^k$ $(m_k \times n_k)$-Matrizen, für $k = 0,\ldots,K$ $\underline{B}^k$ $(m_{K+1} \times n_k)$-Matrizen,

$\underline{D}^k$ $(m_k \times n_{K+1})$-Matrizen und für $k = 0,\dots,K+1$
$\underline{x}^k, \underline{c}^k \in \mathbb{R}^{n_k}$ und $\underline{b}^k \in \mathbb{R}^{m_k}$.

Das zu (2.1) duale Programm lautet,

minimiere

$$Z = \sum_{k=0}^{K+1} \underline{b}^{kT}\underline{y}^k$$

unter den Nebenbedingungen (2.2)

$$\begin{array}{rcl}
\underline{B}^{oT}\underline{y}^{K+1} & \geq & \underline{c}^o \\
\underline{A}^{1T}\underline{y}^1 + \qquad\qquad\qquad \underline{B}^{1T}\underline{y}^{K+1} & \geq & \underline{c}^1 \\
\ddots \qquad\qquad \vdots & & \vdots \\
\underline{A}^{KT}\underline{y}^K + \quad \underline{B}^{KT}\underline{y}^{K+1} & \geq & \underline{c}^K \\
\underline{D}^{oT}\underline{y}^o + \underline{D}^{1T}\underline{y}^1 + \dots + \underline{D}^{KT}\underline{y}^K + (\underline{A}^{K+1})^T\underline{y}^{K+1} & \geq & \underline{c}^{K+1}
\end{array}$$

$$\underline{y}^k \geq \underline{o} \qquad (k = 0,\dots,K+1).$$

Man erhält also ein blockdiagonales Programm mit verbindenden Nebenbedingungen und verbindenden Variablen, in dem ebenfalls alle Variablen vorzeichenbeschränkt und alle Nebenbedingungen Ungleichungen sind. Auch für die Darstellung der beiden im folgenden zu entwickelnden Dekompositionsverfahren, in denen das primale und duale Problem gleichzeitig betrachtet werden, ist es vorteilhaft von den blockdiagonalen Programmen mit verbindenden Nebenbedingungen und verbindenden Variablen der Form (2.1) und (2.2) auszugehen. Es werden (2.1) als das strukturierte primale und (2.2) als das strukturierte duale Programm bezeichnet.

Sind alle Matrizen $\underline{B}^k$ $(k = 0,\dots,K)$ oder alle Matrizen $\underline{D}^k$ $(k = 0,\dots,K)$ Nullmatrizen und $\underline{c}^o = \underline{o}$ oder

$\underline{b}^o = \underline{o}$, so gehen die Programme (2.1) und (2.2) in blockdiagonale Probleme mit verbindenden Nebenbedingungen oder verbindenden Variablen über. Sind schließlich sowohl die Matrizen $\underline{B}^k$ (k = 0,...,K) als auch die Matrizen $\underline{D}^k$ (k = 0,...,K) Nullmatrizen und $\underline{c}^o$ und $\underline{b}^o$ Nullvektoren, so zerfallen die Programme (2.1) und (2.2) in K+1 unabhängige Teilprobleme.

Zur Lösung der strukturierten Probleme (2.1) und (2.2) werden das Dekompositionsverfahren von KRONSJÖ und ein aus dem Zerlegungssatz abgeleitetes doppeltes Dekompositionsverfahren entwickelt. Wie schon erwähnt wurde, werden im Unterschied zu den im ersten Kapitel behandelten Verfahren in beiden Methoden die Programme (2.1) und (2.2) gleichzeitig betrachtet, d.h., es werden sowohl (2.1) als auch (2.2) dekomponiert. Man spricht daher auch von doppelten Dekompositionsverfahren. Es wird angenommen, daß beide Programme eine zulässige oder, was nach dem Existenzsatz der Dualitätstheorie damit gleichwertig ist, eine optimale Lösung besitzen. In jedem Iterationsschritt erhält man in beiden Verfahren sowohl für (2.1) als auch für (2.2) eine zulässige Lösung. Da der optimale Zielfunktionswert von (2.1) und (2.2) zwischen den zu diesen zulässigen Lösungen gehörenden Zielfunktionswerten von (2.1) und (2.2) liegt, erhält man somit in jedem Iterationsschritt ein Intervall, das den optimalen Zielfunktionswert einschließt. Die Länge dieses Intervalls liefert eine obere Schranke für die Entfernung der gegebenen Zielfunktionswerte vom optimalen Zielfunktionswert. Es ist also möglich, die Verfahren vorzeitig abzubrechen, falls man nur eine Näherungslösung anstrebt. Beide Verfahren sind monoton, d.h., die Folge der Intervalllängen bilden eine monoton fallende Folge.

Auf ein weiteres von RITTER[1] entwickeltes Dekompositionsverfahren zur Lösung des strukturierten Problems (2.1) wird nicht eingegangen. Es stellt eine direkte Erweiterung des Verfahrens von ROSEN (vgl. Abschnitt 1.2.1.1) dar.

2.1. Die doppelte Dekompositionsmethode von KRONSJÖ

Zuerst wird das Dekompositionsverfahren von KRONSJÖ dargestellt. Während KRONSJÖ sein Verfahren als eine Erweiterung einer speziellen, von PIGOT[2] entwickelten Dekompositionsmethode beschreibt, wird hier das KRONSJÖsche Verfahren in einer etwas anderen Form und zwar als eine Verallgemeinerung der DANTZIG-WOLFEschen Dekompositionsmethode (vgl. Abschnitt 1.1.1), dargestellt. Anschließend wird eine Erweiterung des Verfahrens von KRONSJÖ entwickelt, das die Endlichkeit des Verfahrens sicherstellt.

2.1.1. Die Beschreibung des Lösungsalgorithmus[3]

Bevor das Verfahren beschrieben werden kann, müssen zuerst zwei erweiterte, ebenfalls zueinander duale Programme eingeführt werden. Dies geschieht, um einerseits leicht eine primalzulässige und eine dualzulässige Lösung, die beim Beginn des Verfahrens benötigt werden, zu finden und damit andererseits alle im folgenden zu definierenden Teilprogramme optimale Lösungen besitzen.

---

[1] Vgl. RITTER [1967a]. Zur Übertragung des Dekompositionsverfahrens von RITTER auf nichtlineare Probleme vgl. GRIGORIADIS-RITTER [1969].

[2] Vgl. PIGOT [1964].

[3] Vgl. KRONSJÖ [1968] und [1969c].

Da angenommen wird, daß die Programme (2.1) und (2.2) optimale Lösungen

$$\hat{\underline{x}}^k \quad (k = 0,\ldots,K+1) \tag{2.3}$$

und

$$\hat{\underline{y}}^k \quad (k = 0,\ldots,K+1) \tag{2.4}$$

besitzen[1], lassen sich die Programme (2.1) und (2.2) zu den folgenden zueinander dualen Programmen erweitern[2],

maximiere

$$z = \sum_{k=0}^{K+1} \underline{c}^{kT}\underline{x}^k - \sum_{k=0}^{K+1} \bar{\underline{y}}^{kT}\underline{u}^k$$

unter den Nebenbedingungen (2.5)

$$\begin{aligned} \underline{D}^o\underline{x}^{K+1} - \underline{u}^o &\leq \underline{b}^o \\ \underline{A}^k\underline{x}^k + \underline{D}^k\underline{x}^{K+1} - \underline{u}^k &\leq \underline{b}^k \\ (k = 1,\ldots,K)& \\ \sum_{k=0}^{K} \underline{B}^k\underline{x}^k + \underline{A}^{K+1}\underline{x}^{K+1} - \underline{u}^{K+1} &\leq \underline{b}^{K+1} \\ \underline{x}^k \leq \bar{\underline{x}}^k;\ \underline{x}^k,\underline{u}^k \geq \underline{o} \quad (k = 0,\ldots,K+1)& \end{aligned}$$

und

minimiere

$$Z = \sum_{k=0}^{K+1} \underline{b}^{kT}\underline{y}^k + \sum_{k=0}^{K+1} \bar{\underline{x}}^{kT}\underline{v}^k$$

---

1 KRONSJÖ zeigt, daß sich die Lösung eines allgemeinen linearen Programms auf die Lösung mehrerer linearer Programme, die alle eine optimale Lösung besitzen, zurückführen läßt. Vgl. hierzu KRONSJÖ [1968], S. 77 ff. und [1969c], S. 154 ff.

2 Vgl. KRONSJÖ [1968], S. 82 f. und [1969c], S. 159 f.

unter den Nebenbedingungen (2.6)

$$\underline{B}^{oT}\underline{y}^{K+1} + \underline{v}^{o} \geq \underline{c}^{o}$$

$$\underline{A}^{kT}\underline{y}^{k} + \underline{B}^{kT}\underline{y}^{K+1} + \underline{v}^{k} \geq \underline{c}^{k}$$

$$(k = 1,\ldots,K)$$

$$\sum_{k=0}^{K} \underline{D}^{kT}\underline{y}^{k} + (\underline{A}^{K+1})^{T}\underline{y}^{K+1} + \underline{v}^{K+1} \geq \underline{c}^{K+1}$$

$$-\underline{y}^{k} \geq -\bar{\underline{y}}^{k};\ \underline{y}^{k},\ \underline{v}^{k} \geq \underline{o} \quad (k = 0,\ldots,K+1).$$

Hierbei wählt man für $\bar{\underline{x}}^{k}$ und $\bar{\underline{y}}^{k}$ $(k = 0,\ldots,K+1)$ Vektoren mit sehr großen Komponenten, so daß für alle optimalen Basislösungen $\hat{\underline{x}}^{k}$ $(k = 0,\ldots,K+1)$ und $\hat{\underline{y}}^{k}$ $(k = 0,\ldots,K+1)$ von (2.1) und (2.2)

$$\bar{x}_j^k > \hat{x}_j^k \quad (j = 1,\ldots,n_k)$$

$$\bar{y}_i^k > \hat{y}_i^k \quad (i = 1,\ldots,m_k)$$

$$(k = 1,\ldots,K+1)$$

gilt, weil sich dann jede Konvexkombination (2.3) und (2.4) von optimalen Basislösungen von (2.1) und (2.2) zu einer optimalen Lösung von (2.5) und (2.6) der Form

$$\hat{\underline{x}}^{k},\ \hat{\underline{u}}^{k} := \underline{o} \quad (k = 0,\ldots,K+1) \qquad (2.7)$$

und

$$\hat{\underline{y}}^{k},\ \hat{\underline{v}}^{k} := \underline{o} \quad (k = 0,\ldots,K+1) \qquad (2.8)$$

erweitern läßt. Man beachte nämlich, daß (2.7) und (2.8) zulässige Lösungen von (2.5) und (2.6) sind, deren Zielfunktionswerte übereinstimmen. Da andererseits jede optimale Lösung der Form (2.7) bzw. (2.8) von (2.5) bzw. (2.6) eine optimale Lösung von (2.1) bzw. (2.2) liefert, können die Programme (2.5) bzw. (2.6) als Ersatzprogramme für (2.1) bzw. (2.2) gewählt werden.

Für die erweiterten Programme (2.5) und (2.6) lassen sich sofort zulässige Lösungen angeben. Man setze etwa

$$\underline{x}_1^k := \bar{\underline{x}}^k \qquad (k = 0,\dots,K+1)$$

$$\underline{u}_1^o := \max \{\underline{D}^o \bar{\underline{x}}^{K+1} - \underline{b}^o, \underline{o}\}$$

$$\underline{u}_1^k := \max \{\underline{A}^k \bar{\underline{x}}^k + \underline{D}^k \bar{\underline{x}}^{K+1} - \underline{b}^k, \underline{o}\}$$

$$(k = 1,\dots,K)$$

$$\underline{u}_1^{K+1} := \max \{ \sum_{k=0}^{K} \underline{B}^k \bar{\underline{x}}^k + \underline{A}^{K+1} \bar{\underline{x}}^{K+1} - \underline{b}^{K+1}, \underline{o}\} \qquad (2.9)$$

und

$$\underline{y}_1^k := \bar{\underline{y}}^k \qquad (k = 0,\dots,K+1)$$

$$\underline{v}_1^o := \max \{\underline{c}^o - \underline{B}^{oT} \bar{\underline{y}}^{K+1}, \underline{o}\}$$

$$\underline{v}_1^k := \max \{\underline{c}^k - \underline{A}^{kT} \bar{\underline{y}}^k - \underline{B}^{kT} \bar{\underline{y}}^{K+1}, \underline{o}\}$$

$$(k = 1,\dots,K)$$

$$\underline{v}_1^{K+1} := \max \{\underline{c}^{K+1} - \sum_{k=0}^{K} \underline{D}^{kT} \bar{\underline{y}}^k - (\underline{A}^{K+1})^T \bar{\underline{y}}^{K+1}, \underline{o}\}.^{1} \qquad (2.10)$$

Im folgenden wird also von den erweiterten Problemen (2.5) und (2.6) ausgegangen, die ebenfalls nach Vertauschung von Zeilen blockdiagonale Programme mit ver-

[1] In (2.9) und (2.10) ist das Maximum von zwei Vektoren komponentenweise zu verstehen.

bindenden Nebenbedingungen und verbindenden Variablen darstellen. Auf die Programme (2.5) und (2.6) wird eine Modifikation der DANTZIG-WOLFEschen Dekompositionsmethode angewandt. Zuerst werden wie beim Verfahren von DANTZIG und WOLFE (K = 1) die Programme (2.5) und (2.6) in ein Haupt- und ein Unterprogramm zerlegt. Dem Bereich (1.5) entspricht beim primalen Problem (2.5) der Bereich

$$\begin{aligned} \underline{D}^o \underline{x}^{K+1} - \underline{u}^o &\leq \underline{b}^o \\ \underline{A}^k \underline{x}^k + \underline{D}^k \underline{x}^{K+1} - \underline{u}^k &\leq \underline{b}^k \\ & (k = 1,\ldots,K) \\ \underline{x}^k \leq \bar{\underline{x}}^k;\ \underline{x}^k &\geq \underline{o} \\ & (k = 1,\ldots,K+1) \\ \underline{u}^k \geq \underline{o} \qquad & (k = 0,\ldots,K) \end{aligned} \tag{2.11}$$

und beim dualen Problem (2.6) der Bereich

$$\begin{aligned} \underline{B}^{oT} \underline{y}^{K+1} + \underline{v}^o &\geq \underline{c}^o \\ \underline{A}^{kT} \underline{y}^k + \underline{B}^{kT} \underline{y}^{K+1} + \underline{v}^k &\geq \underline{c}^k \\ & (k = 1,\ldots,K) \\ -\underline{y}^k \geq -\bar{\underline{y}}^k;\ \underline{y}^k &\geq \underline{o} \\ & (k = 1,\ldots,K+1) \\ \underline{v}^k \geq \underline{o} \qquad & (k = 0,\ldots,K). \end{aligned} \tag{2.12}$$

In jedem Iterationsschritt wird von endlichen Systemen

$$\begin{aligned} & \underline{x}_p^k \quad (k = 1,\ldots,K+1) \\ & \underline{u}_p^k \quad (k = 0,\ldots,K) \\ & \qquad (p \in \tilde{P}_1) \end{aligned} \tag{2.13}$$

und

$$\underline{y}_p^k \quad (k = 1,\dots,K+1)$$

$$\underline{v}_p^k \quad (k = 0,\dots,K)$$

$$(p \in \tilde{P}_2) \qquad (2.14)$$

von zulässigen (nicht notwendig Basis-) Lösungen von (2.11) und (2.12) ausgegangen[1].

Indem man jetzt in der Zielfunktion von (2.5) und in den Nebenbedingungen von (2.5), die nicht zu (2.11) gehören, die Substitution

$$\underline{x}^k = \sum_{p \in \tilde{P}_1} \lambda_p \underline{x}_p^k \quad (k = 1,\dots,K+1)$$

$$\underline{u}^k = \sum_{p \in \tilde{P}_1} \lambda_p \underline{u}_p^k \quad (k = 0,\dots,K)$$

$$\left(\sum_{p \in \tilde{P}_1} \lambda_p = 1,\ \lambda_p \geq 0\ (p \in \tilde{P}_1) \right) \qquad (2.15)$$

vornimmt, so erhält man das primale Hauptprogramm (vgl. (1.18) und (1.19)),

maximiere

$$z = \underline{c}^{oT} \underline{x}^o + \sum_{p \in \tilde{P}_1} \lambda_p \left(\sum_{k=1}^{K+1} \underline{c}^{kT} \underline{x}_p^k - \sum_{k=0}^{K} \bar{\underline{y}}^{kT} \underline{u}_p^k \right) - (\bar{\underline{y}}^{K+1})^T \underline{u}^{K+1}$$

---

1 Zu Beginn des Verfahrens wähle man irgendwelche zulässige Lösungen von (2.13) und (2.14). Man setze etwa $\tilde{P}_1 = \tilde{P}_2 = \{1\}$ und wähle die in (2.9) und (2.10) angegebenen Vektoren.

unter den Nebenbedingungen (2.16)

$$\underline{B}^o\underline{x}^o + \sum_{p\varepsilon \tilde{P}_1} \lambda_p \Big(\sum_{k=1}^{K} \underline{B}^k \underline{x}_p^k +$$

$$\underline{A}^{K+1}\underline{x}_p^{K+1}\Big) - \underline{u}^{K+1} \leq \underline{b}^{K+1}$$

$$\underline{x}^o \leq \bar{\underline{x}}^o$$

$$\sum_{p\varepsilon \tilde{P}_1} \lambda_p = 1$$

$$\lambda_p \geq 0 \ (p \ \varepsilon \ \tilde{P}_1); \ \underline{x}^o, \ \underline{u}^{K+1} \geq \underline{o}.$$

Im Programm (2.16) wird also die Zielfunktion von (2.5) über eine Teilmenge des zulässigen Bereichs von (2.5) maximiert. Diese Teilmenge ist dadurch charakterisiert, daß nur diejenigen zulässigen Lösungen

$$\underline{x}^k, \ \underline{u}^k \qquad (k = 0,\ldots,K+1)$$

von (2.5) betrachtet werden, bei denen sich $\underline{x}^k$ ($k = 1,\ldots,K+1$) und $\underline{u}^k$ ($k = 0,\ldots,K$) in der Form (2.15) darstellen lassen. Da der zulässige Bereich von (2.16) nicht leer ist[1] und da (2.5) eine optimale Lösung besitzt, existiert also für (2.16) eine optimale Lösung.

Völlig analog erhält man aus dem dualen Programm (2.6) mit Hilfe der Substitution

---

[1] Ähnlich wie oben eine erste zulässige Lösung von (2.5) bestimmt wurde, kann man auch für (2.16) sofort eine zulässige Lösung angeben.

$$\underline{y}^k = \sum_{p\varepsilon\tilde{P}_2} \mu_p \underline{y}_p^k \qquad (k = 1,\dots,K+1)$$

$$\underline{v}^k = \sum_{p\varepsilon\tilde{P}_2} \mu_p \underline{v}_p^k \qquad (k = 0,\dots,K)$$

$$\Big(\sum_{p\varepsilon\tilde{P}_2} \mu_p = 1,\ \mu_p \geq 0\ (p\ \varepsilon\ \tilde{P}_2)\Big) \tag{2.17}$$

das folgende duale Hauptprogramm,

minimiere

$$Z = \underline{b}^{oT}\underline{y}^o + \sum_{p\varepsilon\tilde{P}_2} \mu_p \Big(\sum_{k=1}^{K+1} \underline{b}^{kT}\underline{y}_p^k + \sum_{k=0}^{K} \underline{\bar{x}}^{kT}\underline{v}_p^k\Big) + (\underline{\bar{x}}^{K+1})^T\underline{v}^{K+1}$$

unter den Nebenbedingungen (2.18)

$$\underline{D}^{oT}\underline{y}^o + \sum_{p\varepsilon\tilde{P}_2} \mu_p \Big(\sum_{k=1}^{K} \underline{D}^{kT}\underline{y}_p^k + (\underline{A}^{K+1})^T\underline{y}_p^{K+1}\Big) + \underline{v}^{K+1} \geq \underline{c}^{K+1}$$

$$- \underline{y}^o \geq -\underline{\bar{y}}^o$$

$$\sum_{p\varepsilon\tilde{P}_2} \mu_p = 1$$

$$\mu_p \geq 0\ (p\ \varepsilon\ \tilde{P}_2);\ \underline{y}^o,\ \underline{v}^{K+1} \geq \underline{o}.$$

Das Programm (2.18) besitzt ebenfalls eine optimale Lösung. Man beachte jedoch, daß das primale und duale Hauptprogramm nicht zueinander dual sind.

Es seien also jetzt

$$\tilde{\underline{x}}^{o},\ \tilde{\underline{u}}^{K+1},\ \tilde{\lambda}_p \quad (p \in \tilde{P}_1) \tag{2.19}$$

und

$$\tilde{\underline{y}}^{o},\ \tilde{\underline{v}}^{K+1},\ \tilde{\mu}_p \quad (p \in \tilde{P}_2) \tag{2.20}$$

optimale Lösungen der Hauptprogramme (2.16) und (2.18). Mit $\tilde{z}$ bzw. $\tilde{Z}$ werden die dazugehörenden Zielfunktionswerte von (2.16) bzw. (2.18) bezeichnet. Mit (2.15) und (2.17) erhält man aus (2.19) und (2.20) zulässige Lösungen von (2.5) und (2.6) mit den Zielfunktionswerten $\tilde{z}$ und $\tilde{Z}$. Gilt also $\tilde{Z}-\tilde{z} = 0$, so sind diese Lösungen optimal. Das Verfahren ist beendet.

Gilt jedoch $\tilde{Z}-\tilde{z} > 0$, so werden die Systeme (2.13) und (2.14) durch Hinzufügung einer zulässigen Lösung

$$\begin{aligned} &\tilde{\underline{x}}^{k} \quad (k = 1,\dots,K+1) \\ &\tilde{\underline{u}}^{k} \quad (k = 0,\dots,K) \end{aligned} \tag{2.21}$$

von (2.11) zu

$$\begin{aligned} &\underline{x}_p^{k} \quad (k = 1,\dots,K+1) \\ &\underline{u}_p^{k} \quad (k = 0,\dots,K) \\ &\qquad\qquad (p \in \tilde{\tilde{P}}_1) \end{aligned} \tag{2.22}$$

oder einer zulässigen Lösung

$$\begin{aligned} &\tilde{\underline{y}}^{k} \quad (k = 1,\dots,K+1) \\ &\tilde{\underline{v}}^{k} \quad (k = 0,\dots,K) \end{aligned} \tag{2.23}$$

von (2.12) zu

$$\underline{y}_p^k \qquad (k = 1,\dots,K+1)$$

$$\underline{v}_p^k \qquad (k = 0,\dots,K)$$

$$(p \in \tilde{\tilde{P}}_2) \tag{2.24}$$

erweitert. Mit Hilfe der Indexmengen $\tilde{\tilde{P}}_1$ und $\tilde{\tilde{P}}_2$ werden neue Hauptprogramme definiert, die bessere zulässige Lösungen von (2.5) und (2.6) liefern.

Zur Bestimmung von (2.21) und (2.23) werden ein primales und ein duales Teilprogramm definiert, die beim DANTZIG-WOLFEschen Verfahren den Teilprogrammen (1.16) entsprechen. Hierzu werden die zu den Lösungen (2.19) und (2.20) dualen Lösungen benötigt. Die zu den Hauptprogrammen (2.16) bzw. (2.18) dualen Programme lauten[1],

minimiere

$$Z = (\underline{b}^{K+1})^T \underline{y}^{K+1} + \underline{x}^{oT} \underline{v}^o + \sigma$$

unter den Nebenbedingungen (2.25)

$$\underline{B}^{oT} \underline{y}^{K+1} + \underline{v}^o \geq \underline{c}^o$$

$$\left(\sum_{k=1}^{K} \underline{B}^k \underline{x}_p^k + \underline{A}^{K+1} \underline{x}_p^{K+1} \right)^T \underline{y}^{K+1} + \sigma \geq$$

$$\sum_{k=1}^{K+1} \underline{c}^{kT} \underline{x}_p^k - \sum_{k=0}^{K} \bar{\underline{y}}^{kT} \underline{u}_p^k \qquad (p \in \tilde{P}_1)$$

$$- \underline{y}^{K+1} \geq - \bar{\underline{y}}^{K+1};\ \underline{v}^o,\ \underline{y}^{K+1} \geq \underline{o}$$

---

[1] Die Größen σ und τ entsprechen beim Verfahren von DANTZIG und WOLFE den Größen v^k $(k = 1,\dots,K)$ (vgl. (1.11)).

bzw.

maximiere

$$z = (\underline{c}^{K+1})^T \underline{x}^{K+1} - \bar{\underline{y}}^{oT} \underline{u}^o + \tau$$

unter den Nebenbedingungen (2.26)

$$\underline{D}^o \underline{x}^{K+1} - \underline{u}^o \leq \underline{b}^o$$

$$(\sum_{k=1}^{K} \underline{D}^{kT} \underline{y}_p^k + (\underline{A}^{K+1})^T \underline{y}_p^{K+1})^T \underline{x}^{K+1} + \tau \leq$$

$$\sum_{k=1}^{K+1} \underline{b}^{kT} \underline{y}_p^k + \sum_{k=0}^{K} \bar{\underline{x}}^{kT} \underline{v}_p^k \qquad (p \in \tilde{P}_2)$$

$$\underline{x}^{K+1} \leq \bar{\underline{x}}^{K+1};\ \underline{u}^o,\ \underline{x}^{K+1} \geq \underline{o}.$$

Es seien also jetzt

$$\tilde{\underline{y}}^{K+1},\ \tilde{\underline{v}}^o,\ \tilde{\sigma} \qquad (2.27)$$

und

$$\tilde{\underline{x}}^{K+1},\ \tilde{\underline{u}}^o,\ \tilde{\tau} \qquad (2.28)$$

optimale Lösung von (2.25) und (2.26).

Mit (2.27) und (2.28) erhält man aus (2.6) bzw. (2.5), indem man in diesen Programmen $\underline{y}^{K+1}$, $\underline{v}^o$ bzw. $\underline{x}^{K+1}$, $\underline{u}^o$ gleich den festen Werten aus (2.27) bzw. (2.28) setzt, anschließend die dazu dualen Programme bildet und von den Zielfunktionen $\tilde{\sigma}$ bzw. $\tilde{\tau}$ subtrahiert, das folgende primale und duale Teilprogramm[1],

---

[1] Es sei nochmals darauf hingewiesen, daß das duale Teilprogramm (2.30) nicht den dualen Teilprogrammen (1.29) entspricht. Vielmehr entsprechen das primale und duale Teilprogramm beide den primalen Teilprogrammen (1.16), wobei man einmal von dem primalen Problem (2.5) und zum anderen von dem dualen Problem (2.6) ausgeht.

maximiere

$$z = \sum_{k=1}^{K} (\underline{c}^k - \underline{B}^{kT}\tilde{\underline{y}}^{K+1})^T \underline{x}^k + (\underline{c}^{K+1} -$$

$$(\underline{A}^{K+1})^T \tilde{\underline{y}}^{K+1})^T \underline{x}^{K+1} - \sum_{k=0}^{K} \bar{\underline{y}}^{kT} \underline{u}^k - \tilde{\sigma}$$

unter den Nebenbedingungen (2.29)

(2.11)

und

minimiere

$$Z = \sum_{k=1}^{K} (\underline{b}^k - \underline{D}^k \tilde{\underline{x}}^{K+1})^T \underline{y}^k + (\underline{b}^{K+1} -$$

$$\underline{A}^{K+1} \tilde{\underline{x}}^{K+1})^T \underline{y}^{K+1} + \sum_{k=0}^{K} \bar{\underline{x}}^{kT} \underline{v}^k - \tilde{\tau}$$

unter den Nebenbedingungen (2.30)

(2.12).

Offenbar besitzen auch diese Teilprogramme optimale Lösungen, da man ähnlich wie oben für die Programme (2.29) und (2.30) sowie deren dualen Programme zulässige Lösungen angeben kann.

Da die Programme (2.29) und (2.30) nicht wesentlich weniger Variablen als die Probleme (2.5) und (2.6) enthalten und daher in der Regel noch recht umfangreich sind, werden diese Programme im Unterschied zum Verfahren von DANTZIG und WOLFE, in dem die Teilprogramme (1.16) auch zur Prüfung der Optimalität benutzt werden, nicht vollständig gelöst. Vielmehr werden mit Hilfe von K sogenannten gemeinsamen Teilprogrammen eine zulässige Lösung (2.21) von

(2.29) oder eine zulässige Lösung (2.23) von (2.30) ermittelt, so daß die zu diesen Lösungen gehörenden Zielfunktionswerte von (2.29) bzw. (2.30) größer bzw. kleiner als Null sind. Aus den Nebenbedingungen von (2.25) bzw. (2.26) folgt dann, daß diese Lösungen nicht zu den Systemen (2.13) bzw. (2.14) gehören. Sie werden darum in diese Systeme aufgenommen. Und mit diesen neuen Systemen werden im nächsten Iterationsschritt neue bessere zulässige Lösungen von (2.5) bzw. (2.6) bestimmt.

Zur Definition der gemeinsamen Teilprogramme beachte man, daß (2.29) bzw. (2.30) für feste $\underline{x}^{K+1}$, $\underline{u}^o$ bzw. $\underline{y}^{K+1}$, $\underline{v}^o$ in K unabhängige Teilprogramme zerfallen. Da man nicht unbedingt die optimalen Lösungen, sondern nur zulässige Lösungen von (2.29) bzw. (2.30) anstrebt, so daß die dazu gehörenden Zielfunktionswerte von (2.29) bzw. (2.30) größer bzw. kleiner als Null sind, liegt es nahe, die obigen Größen fest vorzugeben, um so über die K Teilprogramme zulässige Lösungen von (2.29) bzw. (2.30) mit den gewünschten Eigenschaften zu finden. Da jedoch zulässige Lösungen von (2.29) und (2.30) gesucht werden, müssen die festen Größen auf jeden Fall den folgenden Ungleichungen,

$$
\begin{aligned}
\underline{D}^o\underline{x}^{K+1} - \underline{u}^o &\leq \underline{b}^o \\
\underline{x}^{K+1} &\leq \bar{\underline{x}}^{K+1} \\
\underline{u}^o,\ \underline{x}^{K+1} &\geq \underline{o}
\end{aligned}
\tag{2.31}
$$

bzw.

$$
\begin{aligned}
\underline{B}^{oT}\underline{y}^{K+1} + \underline{v}^o &\geq \underline{c}^o \\
-\underline{y}^{K+1} &\geq -\bar{\underline{y}}^{K+1} \\
\underline{v}^o,\ \underline{y}^{K+1} &\geq \underline{o},
\end{aligned}
\tag{2.32}
$$

genügen, die ja zu den Systemen (2.11) bzw. (2.12) gehören.

Da (2.27) und (2.28) optimale und damit zulässige Lösungen von (2.25) und (2.26) sind, erfüllen

$$\underline{x}^{K+1},\ \tilde{\underline{u}}^{o} \quad \text{bzw.} \quad \tilde{\underline{y}}^{K+1},\ \tilde{\underline{v}}^{o} \tag{2.33}$$

die Ungleichungen (2.31) bzw. (2.32). Setzt man in (2.29) bzw. (2.30) diese Größen ein und läßt in den Zielfunktionen alle konstanten Summanden fort, so erhält man mit den Bezeichnungen

$$\tilde{\underline{c}}^{k} := \underline{c}^{k} - \underline{B}^{kT}\tilde{\underline{y}}^{K+1}$$

$$\tilde{\underline{b}}^{k} := \underline{b}^{k} - \underline{D}^{k}\tilde{\underline{x}}^{K+1}$$

$$(k = 1,\ldots,K)$$

die folgenden K Programme,

maximiere

$$z = \tilde{\underline{c}}^{kT}\underline{x}^{k} - \bar{\underline{y}}^{kT}\underline{u}^{k}$$

unter den Nebenbedingungen (2.34)

$$\underline{A}^{k}\underline{x}^{k} - \underline{u}^{k} \leq \tilde{\underline{b}}^{k}$$

$$\underline{x}^{k} \leq \bar{\underline{x}}^{k}$$

$$\underline{u}^{k},\ \underline{x}^{k} \geq \underline{o}$$

$$(k = 1,\ldots,K)$$

bzw.

minimiere

$$Z = \tilde{\underline{b}}^{kT}\underline{y}^{k} + \bar{\underline{x}}^{kT}\underline{v}^{k}$$

unter den Nebenbedingungen (2.35)

$$\underline{A}^{kT}\underline{y}^k + \underline{v}^k \geq \underline{c}^k$$
$$- \underline{v}^k \geq - \bar{\underline{v}}^k$$
$$\underline{y}^k \geq \underline{o}$$
$$(k = 1,\ldots,K).$$

Die Programme sind offenbar zueinander dual. Sie werden darum als die gemeinsamen Teilprogramme bezeichnet. Auch diese gemeinsamen Teilprogramme besitzen immer eine optimale Lösung, da man ähnlich wie in (2.9) bzw. (2.10) sofort eine zulässige Lösung von (2.34) bzw. (2.35) angeben kann. Es seien also für $k = 1,\ldots,K$

$$\tilde{\underline{x}}^k,\ \tilde{\underline{u}}^k \quad \text{bzw.} \quad \tilde{\underline{y}}^k,\ \tilde{\underline{v}}^k$$

optimale Lösung von (2.34) bzw. (2.35). Mit (2.33) erhält man hieraus zulässige Lösungen (2.21) bzw. (2.23) von den Teilprogrammen (2.29) bzw. (2.30). Entscheidend für den Fortgang des Algorithmus ist es, daß für diese Lösungen die Zielfunktionswerte größer bzw. kleiner Null sind, da man dann die Gewähr hat, daß die Lösungen noch nicht zu den Systemen (2.13) bzw. (2.14) gehören (vgl. S. 101) und daß man im nächsten Iterationsschritt durch Vergrößerung der zulässigen Bereiche der Hauptprogramme (2.16) bzw. (2.18) näher an den optimalen Zielfunktionswert von (2.5) und (2.6) herankommt. Es soll im folgenden gezeigt werden, daß - falls $\underset{\sim}{Z} - \tilde{z} > 0$ - entweder (2.21) in das System (2.13) oder (2.23) in das System (2.14) aufgenommen werden können. Hierzu wird der folgende Satz bewiesen. Zuerst werden noch einige Bezeichnungen eingeführt. Die zu den Lösungen (2.21) bzw. (2.23) gehörenden Zielfunktionswerte von (2.29) bzw. (2.30) werden mit $\tilde{z}^*$ bzw. $\underset{\sim}{Z}^*$ bezeichnet, d.h.

$$\tilde{z}^* := \sum_{k=1}^{K} (\underline{c}^k - \underline{B}^{kT}\tilde{\underline{y}}^{K+1})^T\tilde{\underline{x}}^k + (\underline{c}^{K+1} - (\underline{A}^{K+1})^T\tilde{\underline{y}}^{K+1})^T\tilde{\underline{x}}^{K+1} - \sum_{k=0}^{K} \bar{\underline{y}}^{kT}\tilde{\underline{u}}^k - \tilde{\sigma}$$

bzw.

$$\tilde{Z}^* := \sum_{k=1}^{K} (\underline{b}^k - \underline{D}^k\tilde{\underline{x}}^{K+1})^T\tilde{\underline{y}}^k + (\underline{b}^{K+1} - \underline{A}^{K+1}\tilde{\underline{x}}^{K+1})^T\tilde{\underline{y}}^{K+1} + \sum_{k=0}^{K} \bar{\underline{x}}^{kT}\tilde{\underline{v}}^k - \tilde{\tau}.$$

Satz 2.1

Mit den obigen Bezeichnungen gilt

$$\tilde{Z} - \tilde{z} = \tilde{z}^* - \tilde{Z}^* \quad \dagger$$

Zum Beweis sei bemerkt, daß aufgrund der Dualität von (2.34) und (2.35)

$$(\underline{c}^k - \underline{B}^{kT}\tilde{\underline{y}}^{K+1})^T\tilde{\underline{x}}^k - \bar{\underline{y}}^{kT}\tilde{\underline{u}}^k = (\underline{b}^k - \underline{D}^k\tilde{\underline{x}}^{K+1})^T\tilde{\underline{y}}^k + \bar{\underline{x}}^{kT}\tilde{\underline{v}}^k \qquad (k = 1,\ldots,K)$$

gilt. Hieraus folgt

$$\begin{aligned}\tilde{z}^* - \tilde{Z}^* &= (\underline{c}^{K+1} - (\underline{A}^{K+1})^T\tilde{\underline{y}}^{K+1})^T\tilde{\underline{x}}^{K+1} - \bar{\underline{y}}^{oT}\tilde{\underline{u}}^o - \tilde{\sigma} - (\underline{b}^{K+1} - \underline{A}^{K+1}\tilde{\underline{x}}^{K+1})^T\tilde{\underline{y}}^{K+1} - \bar{\underline{x}}^{oT}\tilde{\underline{v}}^o + \tilde{\tau} \\ &= (\underline{c}^{K+1})^T\tilde{\underline{x}}^{K+1} - \bar{\underline{y}}^{oT}\tilde{\underline{u}}^o - \tilde{\sigma} - (\underline{b}^{K+1})^T\tilde{\underline{y}}^{K+1} - \bar{\underline{x}}^{oT}\tilde{\underline{v}}^o + \tilde{\tau}. \qquad (2.36)\end{aligned}$$

Da andererseits $\tilde{z}$ bzw. $\tilde{Z}$ optimale Lösungen der Hauptprogramme (2.16) bzw. (2.18) sind und diese zu den Programmen (2.25) bzw. (2.26) dual sind, erhält man weiter

$$\tilde{Z} - \tilde{z} = (\underline{c}^{K+1})^T \tilde{\underline{x}}^{K+1} - \bar{\underline{y}}^{oT} \tilde{\underline{u}}^o + \tilde{\tau} -$$

$$(\underline{b}^{K+1})^T \tilde{\underline{y}}^{K+1} - \bar{\underline{x}}^{oT} \tilde{\underline{v}}^o - \tilde{\sigma}. \qquad (2.37)$$

Aus (2.36) und (2.37) folgt die Behauptung. ††

Aus Satz 1.3 folgt mit den obigen Überlegungen unmittelbar das folgende Korollar.

Korollar 2.2

Gilt $\tilde{Z} - \tilde{z} > 0$, so ist entweder $\tilde{z}^* > 0$ oder $\tilde{Z}^* < 0$. Entweder ist (2.21) kein Element von (2.13) oder es ist (2.23) kein Element von (2.14). †

Hiermit ist das Verfahren von KRONSJÖ vollständig dargestellt. Falls das Optimalitätskriterium nicht erfüllt ist, nimmt man entweder - falls $\tilde{z}^* > 0$ - (2.21) in (2.13) auf oder - falls $\tilde{Z}^* < 0$ - (2.23) in (2.14) auf.

Da in jedem Iterationsschritt die zulässigen Bereiche der Hauptprogramme (2.16) und (2.18) vergrößert werden, ist das Verfahren sicher monoton, d.h., die Zielfunktionswerte der primalen Hauptprogramme steigen und die der dualen Hauptprogramme fallen.

Das Verfahren von KRONSJÖ unterscheidet sich von der Dekompositionsmethode von DANTZIG und WOLFE einmal darin, daß gleichzeitig vom primalen und dualen Programm ausgegangen wird, und zum anderen, daß die primalen und dualen Teilprogramme nicht vollständig gelöst werden, sondern hierfür mit Hilfe der K gemeinsamen Teilprogramme nur zulässige Lösungen bestimmt werden. Der wesentlichste Unterschied besteht jedoch darin, daß die bei der Definition des primalen und dualen Hauptprogramms benutzten Vektoren (2.13) und (2.14) nicht notwendig Basislösungen von (2.11) und (2.12) sind. Während man beim Verfahren von DANTZIG und WOLFE aus der endlichen Anzahl von Basislösungen auf die Endlichkeit des Verfahrens schließen konnte, ist dieser Schluß beim Verfahren von KRONSJÖ nicht möglich. Im Gegensatz zu KRONSJÖ möchte ich vermuten, daß das Verfahren nicht notwendig endlich ist[1]. Es wird darum im folgenden Abschnitt eine Erweiterung des KRONSJÖschen Verfahrens entwickelt, das zur Definition der Hauptprogramme bis auf die Anfangslösungen nur Basislösungen benutzt und daher endlich ist.

Doch zuerst sei noch auf eine Übertragung der Dekompositionsmethode von KRONSJÖ auf das folgende strukturierte konkave Programmierungsproblem hingewiesen,

maximiere

$$z = \sum_{k=0}^{2} c^k(\underline{x}^k)$$

unter den Nebenbedingungen

$$\begin{aligned} \underline{D}^o(\underline{x}^2) &\geq \underline{o} \\ \underline{A}^1(\underline{x}^1) + \underline{D}^1(\underline{x}^2) &\geq \underline{o} \\ \underline{B}^o(\underline{x}^o) + \underline{B}^1(\underline{x}^1) + \underline{A}^2(\underline{x}^2) &\geq \underline{o} \\ \underline{x}^k \geq \underline{o} \qquad (k = 0,1,2), & \end{aligned}$$

---

1 Vgl. KRONSJÖ [1968], S. 95 und [1969c] S. 172. KRONSJÖ behauptet, daß sein Verfahren streng monoton sei und daher konvergiere.

mit

$$\begin{aligned} c^k &: \mathbb{R}^{n_k} \to \mathbb{R} && (k = 0,1,2) \\ \underline{A}^k &: \mathbb{R}^{n_k} \to \mathbb{R}^{m_k} && (k = 1,2) \\ \underline{B}^k &: \mathbb{R}^{n_k} \to \mathbb{R}^{m_2} && (k = 0,1) \\ \underline{D}^k &: \mathbb{R}^{n_2} \to \mathbb{R}^{m_k} && (k = 0,1) \end{aligned}$$

konkave Abbildungen. Unter Benutzung der KUHN-TUCKER-Theorie wird dieses strukturierte Problem ähnlich wie im linearen Fall gelöst[1].

2.1.2. Eine Erweiterung des Verfahrens von KRONSJÖ

Wie oben schon erwähnt wurde, ist es das Ziel der folgenden Überlegungen, das Verfahren von KRONSJÖ dahin zu erweitern, daß in jedem Iterationsschritt jeweils Basislösungen von (2.11) und (2.12) in die Hauptprogramme aufgenommen werden. Hierzu werden in den Teilprogrammen (2.29) und (2.30) $\underline{x}^{K+1}$, $\underline{u}^o$ und $\underline{y}^{K+1}$, $\underline{v}^o$ als Parameter interpretiert[2]. Indem man die optimalen Lösungsfunktionen der so erhaltenen parametrischen Programme über kritische Bereiche, die $\tilde{\underline{x}}^{K+1}$, $\tilde{\underline{u}}^o$ bzw. $\tilde{\underline{y}}^{K+1}$, $\tilde{\underline{v}}^o$ enthalten, optimiert, erhält man Parameterwerte $\approx{\underline{x}}^{K+1}$, $\approx{\underline{u}}^o$ bzw. $\approx{\underline{y}}^{K+1}$, $\approx{\underline{v}}^o$, die sich zu zulässigen Basislösungen

$$\begin{aligned} &\underline{\approx{x}}^k && (k = 1,\dots,K+1) \\ &\underline{\approx{u}}^k && (k = 0,\dots,K) \end{aligned} \qquad (2.38)$$

bzw.

$$\begin{aligned} &\underline{\approx{y}}^k && (k = 1,\dots,K+1) \\ &\underline{\approx{v}}^k && (k = 0,\dots,K) \end{aligned} \qquad (2.39)$$

---

[1] Vgl. KRONSJÖ [1969a] und [1969b].

[2] Vgl. die Ausführungen des Abschnitts 1.2.1.2.

von (2.11) bzw. (2.12) erweitern lassen.

Im einzelnen wird zuerst wie beim Algorithmus von KRONSJÖ verfahren. Es wird also von den erweiterten Programmen (2.5) und (2.6) ausgegangen, und es wird angenommen, daß zu Beginn irgendeines Iterationsschrittes endliche Systeme (2.13) und (2.14) von zulässigen Lösungen von (2.11) und (2.12) gegeben sind, die jetzt jedoch bis auf die zu Beginn des Verfahrens gewählten Vektoren sämtlich Basislösungen darstellen. Mit diesen Systemen werden die Hauptprogramme (2.16) und (2.18) definiert. Gilt für die optimalen Zielfunktionswerte $\tilde{z}$ und $\tilde{Z}$ dieser Hauptprogramme $\tilde{Z} - \tilde{z} = 0$, so ist man fertig. Ist dies nicht der Fall, so werden ebenfalls wie bei KRONSJÖ mit Hilfe der optimalen Lösungen (2.27) und (2.28) der zu den Hauptprogrammen dualen Probleme (2.25) und (2.26) die Teilprogramme (2.29) und (2.30) formuliert.

Mit Hilfe der parametrischen Programmierung werden jetzt für diese Teilprogramme zulässige Basislösungen bestimmt, deren Zielfunktionswerte größer bzw. kleiner als Null sind. Im folgenden wird nur eine zulässige Basislösung für das primale Teilprogramm bestimmt, da die Überlegungen für das duale Teilprogramm völlig analog verlaufen. In den folgenden Formeln soll der Index p andeuten, daß es sich um die Berechnung einer zulässigen Basislösung für das primale Teilprogramm handelt.

Für k = 1,...,K werden die primalen gemeinsamen Teilprogramme, die zuerst durch Hinzufügung von nichtnegativen Schlupfvariablen $\underline{s}_p^k \in R^{m_k}$ und $\underline{t}_p^k \in R^{n_k}$ zu,

maximiere

$$z = \underline{\tilde{c}}^{kT}\underline{x}^k - \underline{\bar{y}}^{kT}\underline{u}^k$$

unter den Nebenbedingungen (2.40)

$$\underline{A}^k\underline{x}^k - \underline{u}^k + \underline{s}_p^k = \tilde{\underline{b}}^k$$
$$\underline{x}^k + \underline{t}_p^k = \bar{\underline{x}}^k$$
$$\underline{x}^k, \underline{s}_p^k, \underline{t}_p^k \geq \underline{o},$$

erweitert werden, gelöst. Die Inversen der optimalen Basismatrizen von (2.40) werden mit $\tilde{\underline{A}}_p^k$ bezeichnet. Entsprechend den Basis- und Nichtbasisvariablen werden wie im Abschnitt 1.2.1.1 $\underline{x}^k, \tilde{\underline{c}}^k, \underline{u}^k, \bar{\underline{y}}^k$ in

$$\underline{x}_1^k, \tilde{\underline{c}}_1^k, \underline{u}_1^k, \bar{\underline{y}}_1^k$$

und

$$\underline{x}_2^k, \tilde{\underline{c}}_2^k, \underline{u}_2^k, \bar{\underline{y}}_2^k$$

zerlegt. Zerlegt man ferner $\tilde{\underline{A}}_p^k$ in

$$\tilde{\underline{A}}_p^k = \begin{pmatrix} \tilde{\underline{A}}'^k_{p1} & \tilde{\underline{A}}''^k_{p1} \\ \tilde{\underline{A}}'^k_{p2} & \tilde{\underline{A}}''^k_{p2} \\ \tilde{\underline{A}}'^k_{p3} & \tilde{\underline{A}}''^k_{p3} \end{pmatrix}$$

mit Zeilenzahl von $\tilde{\underline{A}}'^k_{p1}$ und $\tilde{\underline{A}}''^k_{p1}$ gleich Zeilenzahl von $\underline{x}_1^k$, Zeilenzahl von $\tilde{A}'^k_{p2}$ und $\tilde{A}''^k_{p2}$ gleich Zeilenzahl von $\underline{u}_1^k$, Spaltenzahl von $\tilde{\underline{A}}'^k_{p1}, \tilde{\underline{A}}'^k_{p2}$ und $\tilde{\underline{A}}'^k_{p3}$ gleich Zeilenzahl von $\underline{b}^k$ und Spaltenzahl von $\tilde{\underline{A}}''^k_{p1}, \tilde{\underline{A}}''^k_{p2}$ und $\tilde{\underline{A}}''^k_{p3}$ gleich Zeilenzahl von $\bar{\underline{x}}^k$, so berechnen sich die optimalen Variablenwerte $\tilde{\underline{x}}^k, \tilde{\underline{u}}^k$ von (2.40) aus

$$\underline{x}_1^k = \tilde{\underline{A}}'^k_{p1}\,\underline{b}^k + \tilde{\underline{A}}''^k_{p1}\,\bar{\underline{x}}^k - \tilde{\underline{A}}'^k_{p1}\,\underline{D}^k\underline{x}^{K+1}$$
$$\underline{x}_2^k = \underline{o} \qquad (2.41)$$

und

$$\underline{u}_1^k = \tilde{\underline{A}}'^k_{p2}\, \underline{b}^k + \tilde{\underline{A}}''^k_{p2}\, \bar{\underline{x}}^k - \tilde{\underline{A}}'^k_{p2}\, \underline{D}^k \underline{x}^{K+1}$$
$$\underline{u}_2^k = \underline{o} \qquad (2.42)$$

mit $\underline{x}^{K+1} = \tilde{\underline{x}}^{K+1}$.

Wegen der speziellen Struktur des primalen Teilprogramms (2.29) bilden die K optimalen Basen der gemeinsamen Teilprogramme eine Basis von (2.29), wenn man dort $\underline{x}^{K+1}, \underline{u}^o$ als Parameter interpretiert,(vgl. Abschnitt 1.2.1.2). $\tilde{\underline{x}}^{K+1}, \tilde{\underline{u}}^o$ gehört zum kritischen Bereich dieser Basis des parametrischen Programms (2.29). Substituiert man (2.41) und (2.42) im primalen Teilprogramm (2.29), so erhält man das folgende lineare Programm, das das Maximum der optimalen Lösungsfunktion des parametrischen Programms (2.29) innerhalb des zu der oben angegebenen Basis gehörenden kritischen Bereichs bestimmt,

maximiere

$$z = \underline{c}^{*T} \underline{x}^{K+1} - \bar{\underline{y}}^{oT} \underline{u}^o + z^*$$

unter den Nebenbedingungen (2.43)

$$\underline{D}^o \underline{x}^{K+1} - \underline{u}^o \leq \underline{b}^o$$
$$\underline{D}_i^{*k} \underline{x}^{K+1} \leq \underline{b}_i^{*k}$$
$$(i = 1,2,3;\ k = 1,\dots,K)$$
$$\underline{x}^{K+1} \leq \bar{\underline{x}}^{K+1}$$
$$\underline{x}^{K+1}, \underline{u}^o \geq \underline{o}.$$

Hierbei bezeichne

$$\tilde{\underline{c}}^{K+1} := \underline{c}^{K+1} - (\underline{A}^{K+1})^T \tilde{\underline{y}}^{K+1}$$

$$\underline{c}^* := \tilde{\underline{c}}^{K+1} - \sum_{k=1}^{K} ((\tilde{\underline{A}}'^{k}_{p1}\, \underline{D}^k)^T \tilde{\underline{c}}^k_1 - (\tilde{\underline{A}}'^{k}_{p2}\, \underline{D}^k)^T \bar{\underline{y}}^k_1)$$

$$\underline{D}^{*k}_i := \tilde{\underline{A}}'^{k}_{pi} \underline{D}^k$$

$$\underline{b}^{*k}_i := \tilde{\underline{A}}'^{k}_{pi} \underline{b}^k + \tilde{\underline{A}}''^{k}_{pi} \bar{\underline{x}}^k$$

$$(i = 1,2,3;\ k = 1,\dots,K)$$

$$z^* := \sum_{k=1}^{K} \tilde{\underline{c}}^{kT}_1 (\tilde{\underline{A}}'^{k}_{p1} \underline{b}^k + \tilde{\underline{A}}''^{k}_{p1} \bar{\underline{x}}^k) - \sum_{k=1}^{K} \bar{\underline{y}}^{kT}_1 (\tilde{\underline{A}}'^{k}_{p2} \underline{b}^k + \tilde{\underline{A}}''^{k}_{p2} \bar{\underline{x}}^k) - \tilde{\sigma}.$$

Es sei noch darauf hingewiesen, daß man die Beschränkungen

$$\underline{D}^{*k}_i\, \underline{x}^{K+1} \leq \underline{b}^{*k}_i$$

$$(i = 1,2,3;\ k = 1,\dots,K)$$

aus dem Programm (2.40) nach der parametrischen Programmierung auch auf eine einfachere Weise bestimmen kann. Man multipliziert den Begrenzungsvektor in Abhängigkeit von $\underline{x}^{K+1}$ mit $\tilde{\underline{A}}^k_p$ und setze den so erhaltenen Vektor größer oder gleich Null.

Ist $\tilde{\tilde{\underline{x}}}^{K+1}, \tilde{\tilde{\underline{u}}}^o$ eine optimale Lösung von (2.43) und berechnet man hieraus nach (2.41) und (2.42) $\tilde{\tilde{\underline{x}}}^k, \tilde{\tilde{\underline{u}}}^k$ ($k = 1,\dots,K$), so erhält man nach den Ausführungen im Anhang II eine zulässige Basislösung (2.38) von (2.29). Da nach Konstruktion $\tilde{\underline{x}}^{K+1}, \tilde{\underline{u}}^o$ eine zulässige Lösung von (2.43) ist, gilt für den optimalen Zielfunktionswert $\tilde{\tilde{z}}$ von (2.43)

$$\tilde{\tilde{z}} \geq \tilde{z}^*.$$ [1]

Analog findet man eine zulässige Basislösung (2.39) von (2.30) mit

$$\tilde{\tilde{Z}} \leq \tilde{Z}^*.$$

Aus Korollar 2.2 folgt hiermit wiederum, daß - falls $\tilde{\tilde{Z}} - \tilde{\tilde{z}} > 0$ - entweder (2.38) oder (2.39) für eine Aufnahme in die Hauptprogramme in Frage kommen.

Aus der endlichen Anzahl von Basislösungen von (2.29) und (2.30) folgt schließlich die Endlichkeit des Verfahrens.

---

[1] Zur Definition von $\tilde{z}^*$, $\tilde{Z}^*$ vgl. Abschnitt 2.1.1.

2.2. Ein aus dem Zerlegungssatz abgeleitetes doppeltes Dekompositionsverfahren

Es wird ein neues doppeltes Dekompositionsverfahren entwickelt, das in gewisser Weise eine Erweiterung des Dekompositionsverfahrens von ROSEN darstellt (vgl. Abschnitt 1.2.1, insbesondere Abschnitt 1.2.1.2). Wie bei KRONSJÖ wird von den zueinander dualen blockdiagonalen linearen Programmen mit verbindenden Nebenbedingungen und verbindenden Variablen (2.1) und (2.2) ausgegangen. Es wird ebenfalls angenommen, daß diese strukturierten Programme (2.1) und (2.2) optimale Lösungen besitzen.

Die Programme (2.1) und (2.2) werden zuerst mit Hilfe des Zerlegungssatzes (Satz 1.3) in dreifache Optimierungsprobleme zerlegt. Von diesen Zerlegungen ausgehend werden anschließend die strukturierten Programme - ähnlich wie bei ROSEN - parametrisch gelöst. In jedem Iterationsschritt wird von zulässigen Lösungen von (2.1) und (2.2) ausgegangen. In einer ersten Schleife werden eine bessere zulässige Lösung von (2.2) und in einer zweiten eine bessere zulässige Lösung von (2.1) bestimmt. Jede Schleife besteht wiederum aus drei 'Ebenen', einer 'untersten', einer 'mittleren' und einer 'obersten Ebene'.

2.2.1. Die Transformation des primalen und dualen blockdiagonalen linearen Programms in ein dreifaches Optimierungsproblem

In einem doppelten Zerlegungssatz werden die Programme (2.1) und (2.2) in dreifache Optimierungsprobleme zerlegt. Um diesen Satz formulieren zu können, müssen zuerst einige Bezeichnungen eingeführt werden,

$$X'^{K+1} := \{\underline{x}^{K+1} \in \mathbb{R}^{n_{K+1}} \mid \begin{array}{l} \underline{D}^o\underline{x}^{K+1} \leq \underline{b}^o \\ \underline{x}^{K+1} \geq \underline{o} \end{array}\}$$

$$X^{K+1} := \{\underline{x}^{K+1} \in X'^{K+1} \mid \max \{ \sum_{k=0}^{K} \underline{c}^{kT}\underline{x}^{k} \mid \left.\begin{array}{l} \underline{A}^{k}\underline{x}^{k} \leq \underline{b}^{k} - \underline{D}^{k}\underline{x}^{K+1} \\ \qquad (k = 1,\ldots,K) \\ \sum_{k=0}^{K} \underline{B}^{k}\underline{x}^{k} \leq \underline{b}^{K+1} - \underline{A}^{K+1}\underline{x}^{K+1} \\ \underline{x}^{k} \geq \underline{o} \; (k = 0,\ldots,K) \end{array}\right\} \text{ existiert}\}$$

$$Y'^{K+1} := \{\underline{y}^{K+1} \in \mathbb{R}^{m_{K+1}} \mid \begin{array}{l} \underline{B}^{oT}\underline{y}^{K+1} \geq \underline{c}^{o} \\ \underline{y}^{K+1} \geq \underline{o} \end{array}\}$$

$$Y^{K+1} := \{\underline{y}^{K+1} \in Y'^{K+1} \mid \min \{ \sum_{k=0}^{K} \underline{b}^{kT}\underline{y}^{k} \mid \left.\begin{array}{l} \underline{A}^{kT}\underline{y}^{k} \geq \underline{c}^{k} - \underline{B}^{kT}\underline{y}^{K+1} \\ \qquad (k = 1,\ldots,K) \\ \sum_{k=0}^{K} \underline{D}^{kT}\underline{y}^{k} \geq \underline{c}^{K+1} - (\underline{A}^{K+1})^{T}\underline{y}^{K+1} \\ \underline{y}^{k} \geq \underline{o} \; (k = 0,\ldots,K) \end{array}\right\} \text{ existiert}\}$$

für $\underline{x}^{K+1} \in X^{K+1}$:

$$Y^{K+1}(\underline{x}^{K+1}) := \{\underline{y}^{K+1} \in Y'^{K+1} \mid \min \{(\underline{b}^{k} - \underline{D}^{k}\underline{x}^{K+1})^{T} \underline{y}^{k} \mid \begin{array}{l} \underline{A}^{kT}\underline{y}^{k} \geq \underline{c}^{k} - \underline{B}^{kT}\underline{y}^{K+1} \\ \underline{y}^{k} \geq \underline{o} \end{array}\} \text{ für } k = 1,\ldots,K \text{ existiert}\}$$

und für $\underline{y}^{K+1} \varepsilon Y^{K+1}$:

$$X^{K+1}(\underline{y}^{K+1}) := \{\underline{x}^{K+1} \varepsilon X'^{K+1} \mid \max \{(\underline{c}^k - \underline{B}^{kT}\underline{y}^{K+1})^T\underline{x}^k \mid \begin{matrix} \underline{A}^k\underline{x}^k \leq \underline{b}^k - \underline{D}^k\underline{x}^{K+1} \\ \underline{x}^k \geq \underline{o} \end{matrix} \}$$

für k = 1,...,K existiert}.

Satz 2.3 (doppelter Zerlegungssatz)

Die strukturierten Programme (2.1) bzw. (2.2) und die folgenden dreifachen Optimierungsprobleme,

$$\max_{\underline{x}^{K+1}\varepsilon X^{K+1}} \{(\underline{c}^{K+1})^T\underline{x}^{K+1} + \min_{\underline{y}^{K+1}\varepsilon Y^{K+1}(\underline{x}^{K+1})} \{(\underline{b}^{K+1} - \underline{A}^{K+1}\underline{x}^{K+1})^T\underline{y}^{K+1} + \sum_{k=1}^{K} \min \{(\underline{b}^k - \underline{D}^k\underline{x}^{K+1})^T\underline{y}^k \mid \begin{matrix} \underline{A}^{kT}\underline{y}^k \geq \underline{c}^k - \underline{B}^{kT}\underline{y}^{K+1} \\ \underline{y}^k \geq \underline{o} \end{matrix} \}\}\} \quad (2.44)$$

bzw.

$$\min_{\underline{y}^{K+1}\varepsilon Y^{K+1}} \{(\underline{b}^{K+1})^T\underline{y}^{K+1} + \max_{\underline{x}^{K+1}\varepsilon X^{K+1}(\underline{y}^{K+1})} \{(\underline{c}^{K+1} - (\underline{A}^{K+1})^T\underline{y}^{K+1})^T\underline{x}^{K+1} + \sum_{k=1}^{K} \max \{(\underline{c}^k - \underline{B}^{kT}\underline{y}^{K+1})^T\underline{x}^k \mid \begin{matrix} \underline{A}^k\underline{x}^k \leq \underline{b}^k - \underline{D}^k\underline{x}^{K+1} \\ \underline{x}^k \geq \underline{o} \end{matrix} \}\}\}, \quad (2.45)$$

sind zueinander äquivalent. †

Es wird nur die Äquivalenz von (2.1) und (2.44) bewiesen. Der Beweis der Äquivalenz von (2.2) und (2.45) verläuft völlig analog. Die Äquivalenz von (2.1) und (2.44) ergibt sich aus der folgenden Gleichungskette. Hierbei folgt die erste Gleichung aus dem Zerlegungssatz[1], die zweite aus der Dualitätstheorie und die dritte wiederum aus dem Zerlegungssatz,

$$\max \left\{ \sum_{k=0}^{K+1} \underline{c}^{kT}\underline{x}^{k} \;\middle|\; \left.\begin{array}{ll} \underline{D}^{o}\underline{x}^{K+1} & \leq \underline{b}^{o} \\ \underline{A}^{k}\underline{x}^{k} + \underline{D}^{k}\underline{x}^{K+1} & \leq \underline{b}^{k} \\ & (k = 1,\ldots,K) \\ \sum_{k=0}^{K} \underline{B}^{k}\underline{x}^{k} + \underline{A}^{K+1}\underline{x}^{K+1} & \leq \underline{b}^{K+1} \\ \underline{x}^{k} \geq \underline{o} \quad (k = 0,\ldots,K+1) & \end{array}\right\} \right.$$

$$= \max_{\underline{x}^{K+1} \varepsilon X^{K+1}} \left\{ (\underline{c}^{K+1})^{T}\underline{x}^{K+1} + \max \left\{ \sum_{k=0}^{K} \underline{c}^{kT}\underline{x}^{k} \;\middle|\; \left.\begin{array}{l} \underline{A}^{k}\underline{x}^{k} \leq \underline{b}^{k} - \underline{D}^{k}\underline{x}^{K+1} \\ \qquad (k = 1,\ldots,K) \\ \sum_{k=0}^{K} \underline{B}^{k}\underline{x}^{k} \leq \underline{b}^{K+1} - \underline{A}^{K+1}\underline{x}^{K+1} \\ \underline{x}^{k} \geq \underline{o} \quad (k = 0,\ldots,K) \end{array}\right\} \right\} \right.$$

---

[1] Der Zerlegungssatz gilt ganz analog auch für Maximumprobleme.

$$= \max_{\underline{x}^{K+1} \varepsilon X^{K+1}} \{(\underline{c}^{K+1})^T \underline{x}^{K+1} +$$

$$\min \{ \sum_{k=1}^{K} (\underline{b}^k - \underline{D}^k \underline{x}^{K+1})^T \underline{y}^k +$$

$$(\underline{b}^{K+1} - \underline{A}^{K+1} \underline{x}^{K+1})^T \underline{y}^{K+1} \mid$$

$$\left.\begin{array}{r} \underline{B}^{oT} \underline{y}^{K+1} \geq \underline{c}^o \\ \underline{A}^{kT} \underline{y}^k + \underline{B}^{kT} \underline{y}^{K+1} \geq \underline{c}^k \\ (k = 1,\ldots,K) \\ \underline{y}^k \geq \underline{o} \ (k = 1,\ldots,K+1) \end{array}\right\} \}$$

$$= \max_{\underline{x}^{K+1} \varepsilon X^{K+1}} \{(\underline{c}^{K+1})^T \underline{x}^{K+1} +$$

$$\min_{\underline{y}^{K+1} \varepsilon Y^{K+1}(\underline{x}^{K+1})} \{(\underline{b}^{K+1} - \underline{A}^{K+1} \underline{x}^{K+1})^T \underline{y}^{K+1} +$$

$$\sum_{k=1}^{K} \min \{(\underline{b}^k - \underline{D}^k \underline{x}^{K+1})^T \underline{y}^k \mid$$

$$\begin{array}{l} \underline{A}^{kT} \underline{y}^k \geq \underline{c}^k - \underline{B}^{kT} \underline{y}^{K+1} \\ \underline{y}^k \geq \underline{o} \end{array} \}\}\} . \dagger\dagger$$

Für feste $\underline{x}^{K+1}$ und $\underline{y}^{K+1}$ sind die K innersten Optimierungsaufgaben von (2.44) und (2.45) offenbar zueinander duale lineare Programme.

Aus dem doppelten Zerlegungssatz ergibt sich für die strukturierten Probleme (2.1) und (2.2) unmittelbar der folgende parametrische Lösungsansatz. Man löse zuerst für feste $\underline{x}^{K+1}$ und $\underline{y}^{K+1}$ auf der 'untersten Ebene' die K zueinander dualen innersten Optimierungsaufgaben von (2.44) und (2.45). Anschließend variiere man $\underline{y}^{K+1}$ bzw. $\underline{x}^{K+1}$ und löse auf der 'mittleren Ebene' die mittleren Optimierungsaufgaben von (2.44) bzw. (2.45). Schließlich variiere man $\underline{x}^{K+1}$ bzw. $\underline{y}^{K+1}$ und löse auf der 'obersten Ebene' die äußersten Optimierungsaufgaben von (2.44) bzw. (2.45). Als Ergebnis dieser äußersten Optimierungsaufgaben erhält man neue Werte für $\underline{x}^{K+1}$ und $\underline{y}^{K+1}$, mit denen man zur untersten Ebene zurückgeht, falls man die optimalen Lösungen von (2.1) und (2.2) noch nicht erreicht hat.

Bei der hier skizzierten Lösungsmethode muß jedoch beachtet werden, daß nach dem doppelten Zerlegungssatz bei den innersten Optimierungsproblemen von (2.44) bzw. (2.45) die Parameter $\underline{x}^{K+1}$ und $\underline{y}^{K+1}$ aus X^{K+1} und $Y^{K+1}(\underline{x}^{K+1})$ bzw. $X^{K+1}(\underline{y}^{K+1})$ und Y^{K+1} sein müssen. Die Parameterwerte $\tilde{\underline{x}}^{K+1}$ und $\tilde{\underline{y}}^{K+1}$, mit denen das Verfahren begonnen wird, und die Werte $\approx\!\!\underline{x}^{K+1}$ und $\approx\!\!\underline{y}^{K+1}$, mit denen nach einem Iterationsschritt zur 'untersten Ebene' zurückgegangen wird, müssen also Elemente der oben angegebenen Mengen sein. Weiter muß ein Optimalitätskriterium angegeben werden, mit dem man nach jedem Iterationsschritt prüfen kann, ob man die optimalen Lösungen von (2.1) und (2.2) erreicht hat.

Der folgende Satz gibt hinreichende Bedingungen dafür an, daß $\tilde{\underline{x}}^{K+1}$ und $\tilde{\underline{y}}^{K+1}$ zu den oben angegebenen Mengen gehören. Anschließend wird das Optimalitätskriterium entwickelt.

Satz 2.4

Sind

$$\tilde{\underline{x}}^{k} \quad (k = 0,\dots,K+1) \tag{2.46}$$

bzw.

$$\tilde{\underline{y}}^k \quad (k = 0,\dots,K+1) \qquad (2.47)$$

zulässige Lösungen von (2.1) bzw. (2.2), so gilt

$$\tilde{\underline{x}}^{K+1} \in X^{K+1} \cap X^{K+1}(\tilde{\underline{y}}^{K+1})$$

und

$$\tilde{\underline{y}}^{K+1} \in Y^{K+1} \cap Y^{K+1}(\tilde{\underline{x}}^{K+1}). \dagger$$

Da (2.46) bzw. (2.47) zulässige Lösungen von (2.1) bzw. (2.2) sind, gilt

$$\tilde{\underline{x}}^{K+1} \in X'^{K+1} \text{ und } \tilde{\underline{y}}^{K+1} \in Y'^{K+1}.$$

Weiter folgt aus der Zulässigkeit von (2.46) bzw. (2.47), daß

$$\tilde{\underline{x}}^k \quad (k = 0,\dots,K)$$

bzw.

$$\tilde{\underline{y}}^k \quad (k = 1,\dots,K+1)$$

zulässige Lösungen von

$$\underline{A}^k\underline{x}^k \leq \underline{b}^k - \underline{D}^k\tilde{\underline{x}}^{K+1}$$

$$(k = 1,\dots,K)$$

$$\sum_{k=0}^{K} \underline{B}^k\underline{x}^k \leq \underline{b}^{K+1} - \underline{A}^{K+1}\tilde{\underline{x}}^{K+1}$$

$$\underline{x}^k \geq \underline{o} \quad (k = 0,\dots,K) \qquad (2.48)$$

bzw.

$$\underline{B}^{oT}\underline{y}^{K+1} \geq \underline{c}^{o}$$

$$\underline{A}^{kT}\underline{y}^{k} + \underline{B}^{kT}\underline{y}^{K+1} \geq \underline{c}^{k}$$

$$(k = 1,\ldots,K)$$

$$\underline{y}^{k} \geq \underline{o} \quad (k = 1,\ldots,K+1) \tag{2.49}$$

sind. Da (2.48) bzw. (2.49) der zulässige bzw. dualzulässige Bereich des bei der Definition von X^{K+1} benutzten Maximierungsproblems und diese nicht leer sind, da nach Voraussetzung (2.1) und (2.2) optimale Lösungen besitzen, besitzt diese Maximierungsaufgabe für $\underline{x}^{K+1} = \tilde{\underline{x}}^{K+1}$ eine optimale Lösung. Es folgt also $\tilde{\underline{x}}^{\bar{K}+1} \varepsilon X^{\bar{K}+1}$.

Ebenso findet man, daß die zulässigen und dualzulässigen Bereiche der bei der Definition von $X^{K+1}(\underline{y}^{K+1})$ benutzten Maximierungsprobleme für $\underline{y}^{K+1} = \tilde{\underline{y}}^{K+1}$ und $\underline{x}^{K+1} = \tilde{\underline{x}}^{K+1}$ nicht leer sind, woraus $\tilde{\underline{x}}^{K+1} \varepsilon X^{K+1}(\tilde{\underline{y}}^{K+1})$ folgt. Analog beweist man die zweite Beziehung von Satz 2.4. ††

Da nun bei dem oben skizzierten und im folgenden noch genau zu beschreibenden Lösungsalgorithmus von zulässigen Lösungen von (2.1) bzw. (2.2) ausgegangen wird und da sich die in einem beliebigen Iterationsschritt bestimmten Vektoren $\approx{\underline{x}}^{K+1}$ bzw. $\approx{\underline{y}}^{K+1}$ zu zulässigen Lösungen

$$\underline{\approx{x}}^{k} \quad (k = 0,\ldots,K+1) \tag{2.50}$$

bzw.

$$\underline{\approx{y}}^{k} \quad (k = 0,\ldots,K+1) \tag{2.51}$$

von (2.1) bzw. (2.2) erweitern lassen, gehören die zu Beginn eines beliebigen Iterationsschritts gegebenen Vektoren $\tilde{\underline{x}}^{K+1}$ bzw. $\tilde{\underline{y}}^{K+1}$ nach Satz 2.4 immer zu X^{K+1} und $X^{K+1}(\tilde{\underline{y}}^{K+1})$ bzw. Y^{K+1} und $Y^{K+1}(\tilde{\underline{x}}^{K+1})$.

Da somit zu Beginn eines jeden Iterationsschritts zulässige Lösungen (2.46) und (2.47) von (2.1) und (2.2) gegeben sind, ergibt sich aus der Dualitätstheorie unmittelbar das folgende Optimalitätskriterium (vgl. Abschnitt 2.1.1).

Werden mit $\tilde{z}$ bzw. $\tilde{Z}$ die zu den zulässigen Lösungen (2.46) bzw. (2.47) gehörenden Zielfunktionswerte von (2.1) bzw. (2.2) bezeichnet, so sind diese Lösungen genau dann optimal, wenn $\tilde{Z} - \tilde{z} = 0$ gilt.

2.2.2. Die Beschreibung des Lösungsalgorithmus

Wie oben schon erwähnt wurde, besteht jeder Iterationsschritt aus zwei Schleifen, einer primalen und einer dualen. In der primalen Schleife, die durch den Index p gekennzeichnet wird, bestimmt man ausgehend von den K innersten Maximierungsaufgaben von (2.45) mit $\underline{x}^{K+1} = \tilde{\underline{x}}^{K+1}$ und $\underline{y}^{K+1} = \tilde{\underline{y}}^{K+1}$ eine bessere zulässige Lösung (2.51) von (2.2) und in der dualen, die durch den Index d gekennzeichnet wird, ausgehend von den K innersten Minimierungsaufgaben von (2.44) eine bessere zulässige Lösung (2.50) von (2.1), so daß für die zu den Lösungen (2.50) bzw. (2.51) gehörenden Zielfunktionswerte $\tilde{\tilde{z}}$ bzw. $\tilde{\tilde{Z}}$

$$\tilde{\tilde{z}} \geq \tilde{z} \quad \text{und} \quad \tilde{\tilde{Z}} \leq \tilde{Z}$$

gilt, d.h., das Verfahren ist monoton.

2.2.2.1. Die primale Schleife eines Iterationsschritts

Es seien (2.46) und (2.47) zulässige Lösungen der strukturierten Programme (2.1) und (2.2). Gilt für die entsprechenden Zielfunktionswerte $\tilde{Z} - \tilde{z} = 0$, so sind (2.46) und (2.47) optimal. Das Verfahren ist beendet.

Es wird jetzt $\tilde{Z} - \tilde{z} > 0$ angenommen. Auf der 'untersten Ebene' werden die K innersten Maximierungsprobleme von (2.45) mit $\underline{x}^{K+1} = \tilde{\underline{x}}^{K+1}$ und $\underline{y}^{K+1} = \tilde{\underline{y}}^{K+1}$ gelöst. Mit Hilfe der optimalen Basislösungen dieser K Programme, wird auf der 'mittleren Ebene' ein lineares Programm formuliert und gelöst, das als Variablen nur $\underline{x}^{K+1}$ enthält. Anschließend wird geprüft, ob zur 'untersten Ebene' zurückgegangen werden muß oder ob zur 'obersten Ebene', dessen Programm nur die Variablen $\underline{y}^{K+1}$ enthält, übergegangen werden kann.

Im einzelnen wird wie folgt verfahren. Mit den Bezeichnungen[1] (vgl. Abschnitt 2.1.1)

$$\tilde{\underline{c}}^k := \underline{c}^k - \underline{B}^{kT}\tilde{\underline{y}}^{K+1}$$

$$\tilde{\underline{b}}^k := \underline{b}^k - \underline{D}^k\tilde{\underline{x}}^{K+1}$$

$$(k = 1,\dots,K)$$

$$\tilde{\underline{c}}^{K+1} := \underline{c}^{K+1} - (\underline{A}^{K+1})^T\tilde{\underline{y}}^{K+1}, \qquad (2.52)$$

den Schlupfvariablen[2] $\underline{s}_p^k \in \mathbb{R}^{m_k}$ und $\underline{I}_p^k$ $(m_k \times m_k)$-Einheitsmatrizen $(k = 1,\dots,K)$ erhält man auf der 'untersten Ebene' die folgenden K linearen Programme,

maximiere

$$z = \tilde{\underline{c}}^{kT}\underline{x}^k$$

---

[1] Die Größe $\tilde{\underline{c}}^{K+1}$ wird erst auf der 'mittleren' und 'obersten Ebene' benutzt.

[2] Größen, die in einer anderen Bedeutung auch in der dualen Schleife auftreten, werden zusätzlich mit dem Index p versehen.

unter den Nebenbedingungen (2.53)

$$\underline{A}^k \underline{x}^k + \underline{I}_p^k \underline{s}_p^k = \tilde{\underline{b}}^k$$

$$\underline{x}^k, \underline{s}_p^k \geq \underline{o}$$

$$(k = 1,\ldots,K).$$

Zur Definition des Programms der 'mittleren Ebene' wird ähnlich wie beim Verfahren von ROSEN (Abschnitt 1.2.1.1, vgl. auch Abschnitt 2.1.2) vorgegangen. Es wird in dem Programm,

maximiere

$$z = \sum_{k=1}^{K+1} \tilde{\underline{c}}^{kT} \underline{x}^k$$

unter den Nebenbedingungen (2.54)

$$\underline{D}^o \underline{x}^{K+1} \leq \underline{b}^o$$

$$\underline{A}^k \underline{x}^k + \underline{D}^k \underline{x}^{K+1} \leq \underline{b}^k$$

$$(k = 1,\ldots,K)$$

$$\underline{x}^k \geq \underline{o} \qquad (k = 1,\ldots,K+1),$$

das offenbar eine optimale Lösung besitzt, da dessen zulässiger und dualzulässiger Bereich nicht leer sind, $\underline{x}^{K+1}$ als Parameter interpretiert, und es wird die optimale Lösungsfunktion des parametrischen Programms (2.54) über dem kritischen Bereich, der durch die optimalen Basen der K Programme (2.53) bestimmt ist (vgl. Abschnitt 1.2.1.2), maximiert.

Mit $\tilde{\underline{A}}_p^k$ (k =1,...,K) werden die Inversen der optimalen Basismatrizen von (2.53) bezeichnet. Da nach Satz 2.4 $\tilde{\underline{x}}^{K+1} \varepsilon X(\tilde{\underline{y}}^{K+1})$, existieren für alle Programme (2.53) optimale Basislösungen. Wie in Abschnitt 1.2.1.1 werden für k = 1,...,K $\underline{A}^k$, $\underline{B}^k$, $\tilde{\underline{c}}^k$, $\underline{c}^k$, $\underline{x}^k$, $\underline{I}_p^k$, $\underline{s}_p^k$ entsprechend den Basis- und Nichtbasisvariablen der optimalen Basen von (2.53) in

$$\underline{A}_{p1}^{k},\ \underline{B}_{p1}^{k},\ \underline{\tilde{c}}_{1}^{k},\ \underline{c}_{1}^{k},\ \underline{x}_{1}^{k},\ \underline{I}_{p1}^{k},\ \underline{s}_{p1}^{k}$$

und (2.55)

$$\underline{A}_{p2}^{k},\ \underline{B}_{p2}^{k},\ \underline{\tilde{c}}_{2}^{k},\ \underline{c}_{2}^{k},\ \underline{x}_{2}^{k},\ \underline{I}_{p2}^{k},\ \underline{s}_{p2}^{k}$$

zerlegt[1]. Zerlegt man schließlich für k = 1,...,K $\underline{\tilde{A}}_{p}^{k}$ in

$$\underline{\tilde{A}}_{p}^{k} = \begin{pmatrix} \underline{\tilde{A}}_{p1}^{k} \\ \underline{\tilde{A}}_{p2}^{k} \end{pmatrix}$$

mit Zeilenzahl von $\underline{\tilde{A}}_{p1}^{k}$ gleich Zeilenzahl von $\underline{x}_{1}^{k}$, so berechnen sich die optimalen Variablenwerte von (2.53) aus

$$\underline{x}_{1}^{k} = \underline{\tilde{A}}_{p1}^{k}\ \underline{b}^{k} - \underline{\tilde{A}}_{p1}^{k}\ \underline{D}^{k}\underline{x}^{K+1}$$

$$\underline{x}_{2}^{k} = \underline{o}$$

$$(k = 1,\dots,K) \qquad (2.56)$$

mit $\underline{x}^{K+1} = \underline{\tilde{x}}^{K+1}$.

Durch Substitution von (2.56) in (2.54) (auch in den Nichtnegativitätsbedingungen) erhält man mit den Bezeichnungen

---

1 Einige der hier eingeführten Größen werden erst bei der Definition des Programms der 'obersten Ebene' benötigt. Um Schreibarbeit zu sparen, werden sie schon jetzt eingeführt.

$$\underline{D}^{*o} := \underline{D}^{o},\ \underline{b}^{*o} := \underline{b}^{o}$$

$$\underline{D}^{*k} := \underline{\tilde{A}}_{p}^{k}\underline{D}^{k},\ \underline{b}^{*k} := \underline{\tilde{A}}_{p}^{k}\underline{b}^{k}$$

$$(k = 1,\dots,K)$$

$$\underline{c}^{*K+1} := \underline{\tilde{c}}^{K+1} - \sum_{k=1}^{K} (\underline{\tilde{A}}_{p1}^{k}\underline{D}^{k})^{T}\underline{\tilde{c}}_{1}^{k}$$

$$z^{*} := \sum_{k=1}^{K} \underline{\tilde{c}}_{1}^{kT}\underline{\tilde{A}}_{p1}^{k}\underline{b}^{k}, \qquad (2.57)$$

den Schlupfvariablen $\underline{s}_{p}^{*k} \in \mathbb{R}^{m_k}$ und $\underline{I}_{p}^{*k}$ $(m_k \times m_k)$-Einheitsmatrizen $(k = 0,\dots,K)$ auf der 'mittleren Ebene' das folgende lineare Programm,

maximiere

$$z = (\underline{c}^{*K+1})^{T}\underline{x}^{K+1} + z^{*}$$

unter den Nebenbedingungen (2.58)

$$\underline{D}^{*k}\underline{x}^{K+1} + \underline{I}_{p}^{*k}\underline{s}_{p}^{*k} = \underline{b}^{*k}$$

$$\underline{x}^{K+1},\ \underline{s}_{p}^{*k} \geq \underline{o}$$

$$(k = 0,\dots,K).$$

Da (2.54) eine optimale Lösung besitzt, hat (2.58) eine optimale Basislösung $\bar{\underline{x}}^{K+1}$. Hiermit ergibt sich aus (2.56) nach den Überlegungen im Anhang II wegen der speziellen Struktur der Koeffizientenmatrix von (2.54) (vgl. Abschnitt 1.2.1.2) eine zulässige Basislösung

$$\bar{\underline{x}}^{k} \quad (k = 1,\dots,K+1) \qquad (2.59)$$

von (2.54).

Um zu prüfen, ob (2.59) eine optimale Lösung von (2.54) ist, wird die zu (2.59) duale Lösung

$$\underline{\bar{y}}^k \qquad (k = 0,\ldots,K) \tag{2.60}$$

bestimmt und auf ihre Zulässigkeit untersucht. Hierzu bezeichne $\underline{\tilde{D}}^*$ die Inverse der optimalen Basismatrix von (2.58). Wie auf der 'untersten Ebene' werden entsprechend den Basis- und Nichtbasisvariablen der optimalen Lösung von (2.58) $\underline{A}^{K+1}$, $\underline{x}^{K+1}$, $\underline{c}^{*K+1}$, $\underline{c}^{K+1}$ in

$$\underline{A}_{p1}^{K+1},\ \underline{x}_1^{K+1},\ \underline{c}_1^{*K+1},\ \underline{c}_1^{K+1}$$

und (2.61)

$$\underline{A}_{p2}^{K+1},\ \underline{x}_2^{K+1},\ \underline{c}_2^{*K+1},\ \underline{c}_2^{K+1}$$

und für $k = 1,\ldots,K$ $\underline{D}^k$ in

$$\underline{D}_{p1}^k \text{ und } \underline{D}_{p2}^k \tag{2.62}$$

zerlegt.

Weiter wird $\underline{\tilde{D}}^*$ entsprechend der Struktur von (2.58) in

$$\underline{\tilde{D}}^* = \begin{pmatrix} \underline{\tilde{D}}_{10}^* & \cdots & \underline{\tilde{D}}_{1K}^* \\ \underline{\tilde{D}}_{20}^* & \cdots & \underline{\tilde{D}}_{2K}^* \end{pmatrix} \tag{2.63}$$

mit Zeilenzahl von $\underline{\tilde{D}}_{1k}^*$ $(k = 0,\ldots,K)$ gleich Zeilenzahl von $\underline{x}_1^{K+1}$ und Spaltenzahl von $\underline{\tilde{D}}_{1k}^*$ und $\underline{\tilde{D}}_{2k}^*$ gleich m_k $(k = 0,\ldots,K)$ zerlegt.

Da für $k = 1,\ldots,K$

$$\underline{\tilde{A}}_{p1}^{kT}\ \underline{\tilde{c}}_1^k \tag{2.64}$$

die zu den optimalen Lösungen von (2.53) gehörenden dualen Lösungen und

$$\underline{\tilde{D}}_{1k}^{*T}\underline{c}_1^{*K+1} \qquad (k = 0,\ldots,K) \tag{2.65}$$

die zu der optimalen Lösung von (2.58) gehörende duale Lösung von (2.58) sind, erhält man nach den Überlegungen im Anhang II für die zu (2.59) duale Lösung (2.60)

$$\bar{\underline{y}}^{o} = \tilde{\underline{D}}^{*T}_{10}\underline{c}^{*K+1}_{1}$$

$$\bar{\underline{y}}^{k} = \tilde{\underline{A}}^{kT}_{p1}\tilde{\underline{c}}^{k}_{1} + (\tilde{\underline{D}}^{*}_{1k}\tilde{\underline{A}}^{k}_{p})^{T}\underline{c}^{*K+1}_{1}$$

$$(k = 1,\ldots,K). \qquad (2.66)$$

Um also jetzt zu prüfen, ob (2.59) eine optimale Basislösung von (2.54) ist, werden die Lösungen (2.66) auf ihre Zulässigkeit bezüglich des zum Programm (2.54) dualen Problems untersucht. Da das zu der Basislösung (2.59) gehörende Simplextableau bis auf die zu $\underline{x}^{k}_{2}$, $\underline{s}^{k}_{p2}$ $(k = 1,\ldots,K)$ gehörenden Spalten mit dem optimalen Tableau von (2.58) zusammenfällt, ist nur zu prüfen, ob (2.66) die zu den Variablen $\underline{x}^{k}_{2}$, $\underline{s}^{k}_{p2}$ $(k = 1,\ldots,K)$ gehörenden Nebenbedingungen des zu (2.54) dualen Programms erfüllt. Man erhält also das folgende Optimalitätskriterium.

<u>Satz 2.5 (Optimalitätskriterium der primalen Schleife)</u>

Die Basislösung (2.59) ist genau dann eine optimale Lösung von (2.54), wenn die folgenden Ungleichungen gelten,

$$\underline{A}^{kT}_{p2}(\tilde{\underline{A}}^{kT}_{p1}\tilde{\underline{c}}^{k}_{1} + (\tilde{\underline{D}}^{*}_{1k}\tilde{\underline{A}}^{k}_{p})^{T}\underline{c}^{*K+1}_{1}) - \tilde{\underline{c}}^{k}_{2} \geq \underline{o}$$

$$\underline{I}^{KT}_{p2}(\tilde{\underline{A}}^{kT}_{p1}\tilde{\underline{c}}^{k}_{1} + (\tilde{\underline{D}}^{*}_{1k}\tilde{\underline{A}}^{k}_{p})^{T}\underline{c}^{*K+1}_{1}) \geq \underline{o}$$

$$(k = 1,\ldots,K).\ \dagger \qquad (2.67)$$

Der Beweis ergibt sich unmittelbar aus den obigen Überlegungen, insbesondere aus (2.66). ††

Mit dem Kriterium (Satz 2.5) wird jetzt geprüft, ob zur 'untersten Ebene' zurückgegangen oder zur 'obersten Ebene' übergegangen wird. Gilt (2.67) nicht, so wird zur 'untersten Ebene' zurückgegangen. Man ersetzt $\tilde{\underline{b}}^k$ $(k = 1,\ldots,K+1)$ durch

$$\tilde{\underline{b}}^k := \underline{b}^k - \underline{D}^k \bar{\underline{x}}^{K+1}$$

$$(k = 1,\ldots,K). \qquad (2.68)$$

Offenbar sind die oben bestimmten optimalen Basen von (2.53) auch optimale Basen von (2.53) mit dem neuen Begrenzungsvektor (2.68). Für alle $k \in \{1,\ldots,K\}$, für die (2.67) nicht gilt, existieren jedoch alternative optimale Basen (Mehrfachlösung), die jetzt zu wählen sind[1]. Da für (2.53) nur endlich viele Basen existieren, ist ein Zurückgehen auf die 'unterste Ebene' nur endlich oft möglich.

Es wird jetzt angenommen, daß das Optimalitätskriterium (2.67) erfüllt ist. Es wird zur 'obersten Ebene' übergegangen. Das Programm der 'obersten Ebene' findet man, indem man in den Formeln (2.66) $\bar{\underline{y}}^k$ $(k = 0,\ldots,K)$ in Abhängigkeit von $\tilde{\underline{y}}^{K+1}$ darstellt, $\tilde{\underline{y}}^{K+1}$ variabel macht, d.h., man ersetzt $\tilde{\underline{y}}^{K+1}$ durch $\underline{y}^{K+1}$, und die so erhaltenen Ausdrücke für $\underline{y}^k$ $(k = 0,\ldots,K)$ in (2.2) (auch in den Nichtnegativitätsbedingungen) einsetzt.

Da sich offenbar $\tilde{\underline{c}}_1^k$, $\tilde{\underline{c}}_2^k$ $(k = 1,\ldots,K)$ und $\underline{c}_1^{*K+1}$ in der Form (vgl. (2.52), (2.55), (2.57), (2.61) und (2.62))

---

[1] Vgl. hierzu Abschnitt 1.2.1, insbesondere Satz 1.15.

$$\tilde{c}_1^k = c_1^k - B_{p1}^{kT} \tilde{y}^{K+1}$$

$$\tilde{c}_2^k = c_2^k - B_{p2}^{kT} \tilde{y}^{K+1}$$

$$(k = 1,\dots,K)$$

$$c_1^{*K+1} = c_1^{K+1} - (A_{p1}^{K+1})^T \tilde{y}^{K+1} - \sum_{k=1}^{K} (\tilde{A}_{p1}^k D_{p1}^k)^T (c_1^k - B_{p1}^{kT} \tilde{y}^{K+1}) \qquad (2.69)$$

darstellen lassen, erhält man aus (2.66) für y^k $(k = 0,\dots,K)$

$$y^o = \tilde{D}_{10}^{*T} (c_1^{K+1} - (A_{p1}^{K+1})^T y^{K+1} - \sum_{k=1}^{K} (\tilde{A}_{p1}^k D_{p1}^k)^T (c_1^k - B_{p1}^{kT} y^{K+1}))$$

$$y^k = \tilde{A}_{p1}^{kT} (c_1^k - B_{p1}^{kT} y^{K+1}) + (\tilde{D}_{1k}^* \tilde{A}_p^k)^T (c_1^{K+1} - (A_{p1}^{K+1})^T y^{K+1} - \sum_{k=1}^{K} (\tilde{A}_{p1}^k D_{p1}^k)^T (c_1^k - B_{p1}^{kT} y^{K+1}))$$

$$(k = 1,\dots,K). \qquad (2.70)$$

Mit den Abkürzungen

$$B'^o := (-A_{p1}^{K+1} + \sum_{k=1}^{K} B_{p1}^k \tilde{A}_{p1}^k D_{p1}^k) \tilde{D}_{10}^*$$

$$c'^o := -\tilde{D}_{10}^{*T} (c_1^{K+1} - \sum_{k=1}^{K} (\tilde{A}_{p1}^k D_{p1}^k)^T c_1^k)$$

$$\underline{B}'^{k} := - \underline{B}^{k}_{p1}\underline{\tilde{A}}^{k}_{p1} + (-\underline{A}^{K+1}_{p1} +$$

$$\sum_{k=1}^{K} \underline{B}^{k}_{p1}\underline{\tilde{A}}^{k}_{p1}\underline{D}^{k}_{p1})\underline{\tilde{D}}^{*}_{1k}\underline{\tilde{A}}^{k}_{p}$$

$$\underline{c}'^{k} := -\underline{\tilde{A}}^{kT}_{p1}\underline{c}^{k}_{1} - (\underline{\tilde{D}}^{*}_{1k}\underline{\tilde{A}}^{k}_{p})^{T} (\underline{c}^{K+1}_{1} -$$

$$\sum_{k=1}^{K} (\underline{\tilde{A}}^{k}_{p1}\underline{D}^{k}_{p1})^{T}\underline{c}^{k}_{1})$$

$$(k = 1,...,K) \tag{2.71}$$

ergeben sich für (2.70) die folgenden Ausdrücke

$$\underline{y}^{k} = \underline{B}'^{kT}\underline{y}^{K+1} - \underline{c}'^{k}$$

$$(k = 0,...,K). \tag{2.72}$$

Im strukturierten Programm (2.2) wird jetzt (2.72) substituiert. Mit den Bezeichnungen

$$\underline{b}''^{K+1}_{p} := \sum_{k=0}^{K} \underline{B}'^{k}\underline{b}^{k} + \underline{b}^{K+1}$$

$$z''_{p} := - \sum_{k=0}^{K} \underline{b}^{kT}\underline{c}'^{k}$$

$$\underline{B}''^{o} := \underline{B}^{o}, \ \underline{c}''^{o} := \underline{c}^{o}$$

$$\underline{B}''^{k} := \underline{B}'^{k}\underline{A}^{k} + \underline{B}^{k}, \ \underline{c}''^{k} := \underline{A}^{kT}\underline{c}'^{k} + \underline{c}^{k}$$

$$(k = 1,...,K)$$

$$\underline{A}''^{K+1}_{p} := \sum_{k=0}^{K} \underline{B}'^{k}\underline{D}^{k} + \underline{A}^{K+1}$$

$$\underline{c}''^{K+1}_{p} := \sum_{k=0}^{K} \underline{D}^{kT}\underline{c}'^{k} + \underline{c}^{K+1} \tag{2.73}$$

erhält man auf der 'obersten Ebene' das folgende lineare Programm,

minimiere

$$Z = (\underline{b}_p''^{K+1})^T \underline{y}^{K+1} + z_p''$$

unter den Nebenbedingungen (2.74)

$$\underline{B}'^{kT} \underline{y}^{K+1} \geq \underline{c}'^{k}$$

$$\underline{B}''^{kT} \underline{y}^{K+1} \geq \underline{c}''^{k}$$

$$(k = 0,\ldots,K)$$

$$(\underline{A}_p''^{K+1})^T \underline{y}^{K+1} \geq \underline{c}''^{K+1}$$

$$\underline{y}^{K+1} \geq \underline{o}.$$

Ist $\tilde{\tilde{\underline{y}}}^{K+1}$ eine optimale Lösung von (2.74), so erhält man hieraus mit (2.72) eine zulässige Lösung

$$\tilde{\tilde{\underline{y}}}^{k} \quad (k = 0,\ldots,K+1) \qquad (2.51)$$

von (2.2). Da offenbar $\tilde{\underline{y}}^{K+1}$ eine zulässige Lösung von (2.74) ist, folgt für den optimalen Zielfunktionswert $\tilde{\tilde{Z}}$ von (2.74) und den zur Ausgangslösung

$$\tilde{\underline{y}}^{k} \quad (k = 0,\ldots,K+1) \qquad (2.47)$$

gehörenden Zielfunktionswert $\tilde{Z}$ von (2.2) $\tilde{\tilde{Z}} \leq \tilde{Z}$.

Die primale Schleife endet mit einem Vergleich von $\tilde{\tilde{Z}}$ und dem zur Lösung

$$\tilde{\underline{x}}^{k} \quad (k = 0,\ldots,K+1) \qquad (2.46)$$

gehörenden Zielfunktionswert $\tilde{z}$ des Programms (2.1). Gilt $\tilde{\tilde{Z}} - \tilde{z} = 0$, so sind (2.46) und (2.51) optimale

Lösungen von (2.1) und (2.2). Das Verfahren wird beendet.

Gilt $\tilde{\tilde{Z}} - \tilde{z} > 0$, so wird mit $\underline{\tilde{x}}^{K+1}$ und $\underline{\tilde{\tilde{y}}}^{K+1}$ die duale Schleife durchlaufen und eine bessere zulässige Lösung

$$\underline{\tilde{\tilde{x}}}^{k} \quad (k = 0,\ldots,K+1) \tag{2.50}$$

von (2.1) bestimmt.

2.2.2.2. Die duale Schleife eines Iterationsschritts

In der dualen Schleife werden analog zur primalen Schleife auf der 'untersten Ebene' die K innersten Minimierungsaufgaben von (2.44) mit $\underline{x}^{K+1} = \underline{\tilde{x}}^{K+1}$ und $\underline{y}^{K+1} = \underline{\tilde{\tilde{y}}}^{K+1}$ gelöst.

Mit den Bezeichnungen

$$\underline{\tilde{\tilde{c}}}^{k} := \underline{c}^{k} - \underline{B}^{kT}\underline{\tilde{\tilde{y}}}^{K+1}$$

$$\underline{\tilde{b}}^{k} := \underline{b}^{k} - \underline{D}^{k}\underline{\tilde{x}}^{K+1}$$

$$(k = 1,\ldots,K)$$

$$\underline{\tilde{b}}^{K+1} := \underline{b}^{K+1} - \underline{A}^{K+1}\underline{\tilde{x}}^{K+1}, \tag{2.75}$$

den Schlupfvariablen $\underline{s}_d^k \in \mathbb{R}^{n_k}$ und $\underline{I}_d^k$ $(n_k \times n_k)$-Einheitsmatrizen (k = 1,...,K) ergeben sich die folgenden K linearen Programme,

minimiere

$$Z = \underline{\tilde{b}}^{kT}\underline{y}^{k}$$

unter den Nebenbedingungen (2.76)

$$- \underline{A}^{kT} \underline{y}^{k} + \underline{I}_{d}^{k} \underline{s}_{d}^{k} = - \underline{\tilde{\tilde{c}}}^{k}$$

$$\underline{y}^{k}, \underline{s}_{d}^{k} \geq \underline{o}$$

$$(k = 1,\ldots,K).$$

Da nach Satz 2.4 $\underline{\tilde{\tilde{y}}}^{K+1} \in Y^{K+1}(\underline{\tilde{x}}^{K+1})$, besitzen alle Programme (2.76) optimale Basislösungen.

Die Inversen der optimalen Basismatrizen von (2.76) werden mit $\underline{\tilde{A}}_{d}^{k}$ $(k = 1,\ldots,K)$ bezeichnet. Für $k = 1,\ldots,K$ werden $\underline{A}^{kT}$, $\underline{D}^{kT}$, $\underline{\tilde{b}}^{k}$, $\underline{b}^{k}$, $\underline{y}^{k}$, $\underline{I}_{d}^{k}$, $\underline{s}_{d}^{k}$ entsprechend den Basis- und Nichtbasisvariablen der optimalen Basen von (2.76) in

$$\underline{A}_{d1}^{kT}, \underline{D}_{d1}^{kT}, \underline{\tilde{b}}_{1}^{k}, \underline{b}_{1}^{k}, \underline{y}_{1}^{k}, \underline{I}_{d1}^{k}, \underline{s}_{d1}^{k}$$

und (2.77)

$$\underline{A}_{d2}^{kT}, \underline{D}_{d2}^{kT}, \underline{\tilde{b}}_{2}^{k}, \underline{b}_{2}^{k}, \underline{y}_{2}^{k}, \underline{I}_{d2}^{k}, \underline{s}_{d2}^{k}$$

und die inversen Basismatrizen $\underline{\tilde{A}}_{d}^{k}$ in

$$\underline{\tilde{A}}_{d}^{k} = \begin{pmatrix} \underline{\tilde{A}}_{d1}^{k} \\ \underline{\tilde{A}}_{d2}^{k} \end{pmatrix} \qquad (2.78)$$

mit Zeilenzahl von $\underline{\tilde{A}}_{d1}^{k}$ gleich Zeilenzahl von $\underline{y}_{1}^{k}$ zerlegt. Die optimalen Variablenwerte von (2.76) berechnen sich somit aus

$$\underline{y}_{1}^{k} = - \underline{\tilde{A}}_{d1}^{k} \underline{c}^{k} + \underline{\tilde{A}}_{d1}^{k} \underline{B}^{kT} \underline{y}^{K+1}$$

$$\underline{y}_{2}^{k} = \underline{o}$$

$$(k = 1,\ldots,K) \qquad (2.79)$$

mit $\underline{y}^{K+1} = \underline{\tilde{\tilde{y}}}^{K+1}$.

Durch Substitution von (2.79) im Programm,

minimiere

$$Z = \sum_{k=1}^{K+1} \tilde{\underline{b}}^{kT} \underline{y}^k$$

unter den Nebenbedingungen (2.80)

$$\underline{B}^{oT} \underline{y}^{K+1} \geq \underline{c}^o$$

$$\underline{A}^{kT} \underline{y}^k + \underline{B}^{kT} \underline{y}^{K+1} \geq \underline{c}^k$$

$$(k = 1,\ldots,K)$$

$$\underline{y}^k \geq \underline{o} \; (k = 1,\ldots,K+1),$$

erhält man mit den Bezeichnungen

$$\underline{B}^{*oT} := \underline{B}^{oT}, \; \underline{c}^{*o} := \underline{c}^o$$

$$\underline{B}^{*kT} := \tilde{\underline{A}}_d^k \underline{B}^{kT}, \; \underline{c}^{*k} := \tilde{\underline{A}}_d^k \underline{c}^k$$

$$(k = 1,\ldots,K)$$

$$\underline{b}^{*K+1} := \tilde{\underline{b}}^{K+1} + \sum_{k=1}^{K} (\tilde{\underline{A}}_{d1}^k \underline{B}^{kT})^T \tilde{\underline{b}}_1^k$$

$$Z^* := - \sum_{k=1}^{K} \tilde{\underline{b}}_1^{kT} \tilde{\underline{A}}_{d1}^k \underline{c}^k, \qquad (2.81)$$

den Schlupfvariablen $\underline{s}_d^{*k} \in \mathbb{R}^{n_k}$ und $\underline{I}_d^{*k}$ $(n_k \times n_k)$-Einheitsmatrizen $(k = 0,\ldots,K)$ auf der 'mittleren Ebene' das folgende lineare Programm,

minimiere

$$Z = (\underline{b}^{*K+1})^T \underline{y}^{K+1} + Z^*$$

unter den Nebenbedingungen (2.82)

$$- \underline{B}*^{kT}\underline{y}^{K+1} + \underline{I}_d^{*k}\underline{s}_d^{*k} = - \underline{c}*^{k}$$

$$\underline{x}^{K+1}, \ \underline{s}_d^{*k} \geq \underline{o}$$

$$(k = 0,\ldots,K).$$

Ist $\bar{\bar{\underline{y}}}^{K+1}$ eine optimale Basislösung von (2.82), so ergibt sich hieraus nach (2.79) eine zulässige Basislösung

$$\bar{\bar{\underline{y}}}^{k} \quad (k = 1,\ldots,K+1) \tag{2.83}$$

des Programms (2.80).

Um zu prüfen, ob zur 'untersten Ebene' zurückgegangen werden muß oder zur 'obersten Ebene' übergegangen werden kann, wird ähnlich wie in der primalen Schleife die zu (2.83) gehörende duale Lösung

$$\bar{\bar{\underline{x}}}^{k} \quad (k = 0,\ldots,K) \tag{2.84}$$

bestimmt und auf ihre Zulässigkeit untersucht. Hierzu bezeichne $\tilde{\underline{B}}^*$ die Inverse der optimalen Basismatrix von (2.82). Entsprechend den Basis- und Nichtbasisvariablen dieser optimalen Lösung von (2.82) werden $(\underline{A}^{K+1})^T$, $\underline{y}^{K+1}$, $\underline{b}^{*K+1}$, $\underline{b}^{K+1}$, $\underline{B}^{kT}$ $(k = 1,\ldots,K)$ in

$$(\underline{A}_{d1}^{K+1})^T, \ \underline{y}_1^{K+1}, \ \underline{b}_1^{*K+1}, \ \underline{b}_1^{K+1}$$

$$\underline{B}_1^{kT} \quad (k = 1,\ldots,K)$$

und (2.85)

$$(\underline{A}_{d2}^{K+1})^T, \ \underline{y}_2^{K+1}, \ \underline{b}_2^{*K+1}, \ \underline{b}_2^{K+1}$$

$$\underline{B}_{d2}^{kT} \quad (k = 1,\ldots,K)$$

zerlegt. Weiter wird die inverse Basismatrix $\tilde{\underline{B}}^*$ in

$$\tilde{\underline{B}}^* = \begin{pmatrix} \tilde{\underline{B}}^*_{10} & \cdots & \tilde{\underline{B}}^*_{1K} \\ \tilde{\underline{B}}^*_{20} & \cdots & \tilde{\underline{B}}^*_{2K} \end{pmatrix}$$

aufgeteilt mit Zeilenzahl von $\tilde{\underline{B}}^*_{1k}$ $(k = 0,\ldots,K)$ gleich Zeilenzahl von $\underline{y}_1^{K+1}$ und Spaltenzahl von $\tilde{\underline{B}}^*_{1k}$ und $\tilde{\underline{B}}^*_{2k}$ gleich n_k $(k = 0,\ldots,K)$.

Mit diesen Bezeichnungen erhält man für die duale Lösung (2.83)

$$\underline{\bar{\bar{x}}}^o = - \tilde{\underline{B}}^{*T}_{10}\, \underline{b}_1^{*K+1}$$

$$\underline{\bar{\bar{x}}}^k = - \tilde{\underline{A}}_{d1}^{kT} \tilde{\underline{b}}_1^k - (\tilde{\underline{B}}^*_{1k} \tilde{\underline{A}}_d^k)^T \underline{b}_1^{*K+1}$$

$$(k = 1,\ldots,K). \qquad (2.86)$$

Ähnlich wie in der primalen Schleife erhält man hieraus das folgende Optimalitätskriterium der dualen Schleife (vgl. Satz 2.5).

Satz 2.6 (Optimalitätskriterium der dualen Schleife)

Die Basislösung (2.83) ist genau dann eine optimale Lösung des Programms (2.80), wenn die folgenden Ungleichungen gelten,

$$\underline{A}_{d2}^k(-\tilde{\underline{A}}_{d1}^{kT}\tilde{\underline{b}}_1^k - (\tilde{\underline{B}}^*_{1k}\tilde{\underline{A}}_d^k)^T \underline{b}_1^{*K+1}) - \tilde{\underline{b}}_2^k \leq \underline{o}$$

$$\underline{I}_{d2}^{kT}(-\tilde{\underline{A}}_{d1}^{kT}\tilde{\underline{b}}_1^k - (\tilde{\underline{B}}^*_{1k}\tilde{\underline{A}}_d^k)^T \underline{b}_1^{*K+1}) \geq \underline{o}$$

$$(k = 1,\ldots,K). \dagger \qquad (2.87)$$

Gilt (2.87) nicht, so setzt man

$$\underline{\bar{\bar{c}}}^k := \underline{c}^k - \underline{B}^{kT}\underline{\bar{\bar{y}}}^{K+1}$$

$$(k = 1,\ldots,K)$$

und geht zur 'untersten Ebene' zurück. Ist das Optimalitätskriterium (2.87) erfüllt, so wird zur 'obersten Ebene' übergegangen. Indem man in (2.86) die Größen $\underline{\bar{\bar{x}}}^k$ $(k = 0,\ldots,K)$ explizit als Funktion von $\underline{x}^{K+1}$ darstellt und die so erhaltenen Ausdrücke in (2.1) einsetzt, erhält man das Programm der 'obersten Ebene'.

Mit den Beziehungen (vgl. (2.75), (2.77), (2.81) und (2.85))

$$\underline{\tilde{b}}_1^k = \underline{b}_1^k - \underline{D}_{d1}^k \underline{\tilde{x}}^{K+1}$$

$$\underline{\tilde{b}}_2^k = \underline{b}_2^k - \underline{D}_{d2}^k \underline{\tilde{x}}^{K+1}$$

$$(k = 1,\ldots,K)$$

$$\underline{b}_1^{*K+1} = \underline{b}_1^{K+1} - \underline{A}_{d1}^{K+1} \underline{\tilde{x}}^{K+1} + \sum_{k=1}^{K} (\underline{\tilde{A}}_{d1}^k \underline{B}_{d1}^{kT})^T (\underline{b}_1^k - \underline{D}_{d1}^k \underline{\tilde{x}}^{K+1}) \qquad (2.88)$$

ergibt sich aus (2.86) für $\underline{x}^k$ $(k = 0,\ldots,K)$ (vgl. (2.70))

$$\underline{x}^0 = - \underline{\tilde{B}}_{10}^{*T}(\underline{b}_1^{K+1} - \underline{A}_{d1}^{K+1}\underline{x}^{K+1} + \sum_{k=1}^{K} (\underline{\tilde{A}}_{d1}^k \underline{B}_{d1}^{kT})^T (\underline{b}_1^k - \underline{D}_{d1}^k \underline{x}^{K+1}))$$

$$\underline{x}^k = - \tilde{\underline{A}}_{d1}^{kT}(\underline{b}_1^k - \underline{D}_{d1}^k \underline{x}^{K+1}) -$$

$$(\tilde{\underline{B}}_{1k}^* \tilde{A}_d^k)^T (\underline{b}_1^{K+1} - \underline{A}_{d1}^{K+1} \underline{x}^{K+1} +$$

$$\sum_{k=1}^{K} (\tilde{\underline{A}}_{d1}^k \underline{B}_{d1}^{kT})^T (\underline{b}_1^k - \underline{D}_{d1}^k \underline{x}^{K+1}))$$

$$(k = 1,...,K). \qquad (2.89)$$

Mit den Abkürzungen

$$\underline{D}'^{o} := - \tilde{\underline{B}}_{10}^{*T}(\underline{A}_{d1}^{K+1} + \sum_{k=1}^{K} \underline{B}_{d1}^k \tilde{\underline{A}}_{d1}^{kT} \underline{D}_{d1}^k)$$

$$\underline{b}'^{o} := - \tilde{\underline{B}}_{10}^{*T}(\underline{b}_1^{K+1} + \sum_{k=1}^{K} \underline{B}_{d1}^k \tilde{\underline{A}}_{d1}^{kT} \underline{b}_1^k)$$

$$\underline{D}'^{k} := - \tilde{\underline{A}}_{d1}^{kT} \underline{D}_{d1}^k - (\tilde{\underline{B}}_{1k}^* \tilde{\underline{A}}_d^k)^T (\underline{A}_{d1}^{K+1} +$$

$$\sum_{k=1}^{K} \underline{B}_{d1}^k \tilde{\underline{A}}_{d1}^{kT} \underline{D}_{d1}^k)$$

$$\underline{b}'^{k} := - \tilde{\underline{A}}_{d1}^{kT} \underline{b}_1^k - (\tilde{\underline{B}}_{1k}^* \tilde{\underline{A}}_d^k)^T (\underline{b}_1^{K+1} +$$

$$\sum_{k=1}^{K} \underline{B}_{d1}^k \tilde{\underline{A}}_{d1}^{kT} \underline{b}_1^k)$$

$$(k = 1,...,K) \qquad (2.90)$$

erhält man schließlich

$$\underline{x}^k = - \underline{D}'^k \underline{x}^{K+1} + \underline{b}'^k$$

$$(k = 0,...,K). \qquad (2.91)$$

Das Programm der 'obersten Ebene' findet man jetzt, indem man im strukturierten Programm (2.1) $\underline{x}^k$ $(k = 0,\dots,K)$ durch die Ausdrücke (2.91) ersetzt.

Setzt man hierzu

$$\underline{c}''^{K+1}_d := -\sum_{k=0}^{K} \underline{D}'^{kT}\underline{c}^k + \underline{c}^{K+1}$$

$$z''_d := \sum_{k=0}^{K} \underline{c}^{kT}\underline{b}'^k$$

$$\underline{D}''^o := \underline{D}^o,\ \underline{b}''^o := \underline{b}^o$$

$$\underline{D}''^k := -\underline{A}^k\underline{D}'^k + \underline{D}^k,\ \underline{b}''^k := -\underline{A}^k\underline{b}'^k + \underline{b}^k$$

$$(k = 1,\dots,K)$$

$$\underline{A}''^{K+1}_d := -\sum_{k=0}^{K} \underline{B}^k\underline{D}'^k + \underline{A}^{K+1}$$

$$\underline{b}''^{K+1}_d := -\sum_{k=0}^{K} \underline{B}^k\underline{b}'^k + \underline{b}^{K+1}, \qquad (2.92)$$

so ergibt sich das folgende lineare Programm,

maximiere

$$z = (\underline{c}''^{K+1}_d)^T\underline{x}^{K+1} + z''_d$$

unter den Nebenbedingungen (2.93)

$$\underline{D}'^k\underline{x}^{K+1} \le \underline{b}'^k$$

$$\underline{D}''^k\underline{x}^{K+1} \le \underline{b}''^k$$

$$(k = 0,\dots,K)$$

$$\underline{A}''^{K+1}_d\underline{x}^{K+1} \le \underline{b}''^{K+1}$$

$$\underline{x}^{K+1} \ge \underline{o}.$$

Ist $\underline{\tilde{\tilde{x}}}^{K+1}$ eine optimale Lösung von (2.93), so ergibt sich mit (2.91) eine bessere zulässige Lösung

$$\underline{\tilde{\tilde{x}}}^{k} \quad (k = 0,\ldots,K+1) \qquad (2.50)$$

von (2.1), d.h., für die zu (2.46) bzw. (2.50) gehörenden Zielfunktionswerte $\tilde{z}$ bzw. $\tilde{\tilde{z}}$ gilt $\tilde{z} \leq \tilde{\tilde{z}}$.

Die zweite Schleife schließt mit einem Vergleich der zu (2.50) bzw. (2.51) gehörenden Zielfunktionswerte $\tilde{\tilde{z}}$ bzw. $\tilde{\tilde{\tilde{Z}}}$. Gilt $\tilde{\tilde{\tilde{Z}}} - \tilde{\tilde{z}} = 0$, so sind (2.50) bzw. (2.51) optimale Lösungen von (2.1) bzw. (2.2). Ist $\tilde{\tilde{\tilde{Z}}} - \tilde{\tilde{z}} > 0$, so wird mit $\underline{\tilde{\tilde{x}}}^{K+1}$ und $\underline{\tilde{\tilde{y}}}^{K+1}$ ein neuer Iterationsschritt begonnen. Damit ist also der Lösungsalgorithmus dieses doppelten Dekompositionsverfahrens vollständig beschrieben. Im Anhang I wird dieses Verfahren an einem Zahlenbeispiel erläutert.

3. Dekompositionsverfahren zur Lösung allgemeiner nicht strukturierter linearer Programme

Für nicht strukturierte lineare Programme gibt es bis jetzt nur einige wenige Dekompositionsansätze, auf die jetzt kurz eingegangen wird. Das Dekompositionsverfahren von HEINEMANN[1] ist das einzige direkte Verfahren, in dem das zu lösende allgemeine lineare Programm selbst zerlegt wird. Es wird von dem linearen Programm,

maximiere

$$z = \underline{c}^T \underline{x}$$

unter den Nebenbedingungen

$$\underline{A}\ \underline{x} \leq \underline{b}$$

$$\underline{x} \geq \underline{o},$$

mit $\underline{A}$ eine $(m \times n)$-Matrix, $\underline{x}, \underline{c} \in \mathbb{R}^n$, $\underline{b} \in \mathbb{R}^m$ und $\underline{b} \geq \underline{o}$ ausgegangen. Zur Definition von K Teilprogrammen werden aus den Indexmengen $M := \{1,\ldots,m\}$ und $N := \{1,\ldots,n\}$ beliebige Teilmengen $M_k \subset M$ und $N_k \subset N$ $(k = 1,\ldots,K)$ mit

$$\bigcup_{k=1}^{K} N_k = N$$

ausgewählt. Mit Hilfe dieser Teilmengen erhält man die folgenden linearen Teilprogramme,

maximiere

$$z = \sum_{j \in N_k} \bar{c}_j x_j$$

[1] Vgl. HEINEMANN [1970].

unter den Nebenbedingungen

$$\sum_{j \in N_k} a_{ij} x_j \leq b_i \qquad (i \in M_k)$$

$$x_j \geq 0 \qquad (j \in N_k)$$

$$(k = 1,\dots,K).$$

Hierbei werden die Zielfunktionskoeffizienten $\bar{c}_j$ $(j = 1,\dots,n)$ in jedem Iterationsschritt neu bestimmt. Zu Beginn des Verfahrens setzt man $\bar{c}_j = c_j$ $(j = 1,\dots,n)$. In einem Hauptprogramm (Koordinierungsprogramm) wird in jedem Iterationsschritt die beste zulässige Lösung des gegebenen linearen Programms bestimmt, die sich als eine nichtnegative Linearkombination aller in den vorhergehenden Iterationen bestimmten optimalen Lösungen der Teilprogramme darstellen läßt.

Die von HEINEMANN gegebene Beschreibung seines Verfahrens ist sehr unvollständig. Einige der von ihm aufgestellten Behauptungen sind nur unter zusätzlichen Annahmen richtig. Es wird darum auf eine weitere Behandlung dieses Verfahrens verzichtet.

In den indirekten Dekompositionsverfahren von LIPTÁK[1] so wie von ADAM und RÖHRS[2] wird das gegebene allgemeine lineare Programm zuerst durch Hinzufügung von zusätzlichen Variablen in ein äquivalentes strukturiertes Programm transformiert, das dann anschließend mit Hilfe der linearen Dekomposition gelöst wird. Hierzu wird der Begrenzungsvektor des zu lösenden linearen Programms durch eine Summe von

---

1 Vgl. KORNAI-LIPTÁK [1965], S. 144 ff. und [1968], S. 105 ff. und LIPTÁK [1967].

2 Vgl. ADAM-RÖHRS [1967].

variablen Vektoren ersetzt. Diese Methode wird auch bei der Dekomposition blockangularer[1] und nichtlinearer[2] Programme so wie bei der Lösung stochastischer Programmierungsprobleme (active approach)[3] angewandt. Beim Verfahren von LIPTÁK wird das so erweiterte lineare Programm in ein Zwei-Personen-Nullsummenspiel transformiert und anschließend mit Hilfe der Methode des fiktiven Abspielens gelöst. ADAM und RÖHRS lösen das erweiterte Programm parametrisch mit Hilfe des Dekompostionsverfahrens von ROSEN (vgl. Abschnitt 1.2.1).

Im folgenden wird zuerst ausführlicher auf das Modell der 'Zweiebenenplanung' von LIPTÁK eingegangen. Da dieses allgemeine Modell für die Lösung praktischer Probleme weniger geeignet ist, wird auf eine Beschreibung des Lösungsalgorithmus verzichtet, und es wird nur die Transformation eines nicht strukturierten linearen Programms in ein Zwei-Personen-Nullsummenspiel entwickelt. Die Ausführungen von LIPTÁK werden geringfügig erweitert, indem bei dieser Charakterisierung eines linearen Programms durch ein Zwei-Personen-Nullsummenspiel nicht vorausgesetzt wird, daß das gegebene lineare Programm eine optimale Lösung besitzt.

Auf das parametrische Lösungsverfahren von ADAM und RÖHRS wird kurz eingegangen, und zwar bei der Behandlung des LIPTÁKschen Modells. Ferner wird versucht, das im Abschnitt 2.2 entwickelte doppelte Dekompositionsverfahren auf nicht strukturierte

---

1 Vgl. ABADIE-SAKAROVITCH [1970].

2 Vgl. GEOFFRION [1970b], S. 379 f. und SANDERS [1965].

3 Vgl. SENGUPTA-FOX [1969], S. 60 ff. und SENGUPTA [1970], S. 60 ff.

lineare Programm zu übertragen. Indem der Begrenzungsvektor und der Zielfunktionsvektor des gegebenen linearen Programms durch endliche Summen von variablen Vektoren ersetzt werden, wird das lineare Programm mit Hilfe des Zerlegungssatzes in ein äquivalentes dreifaches Optimierungsproblem transformiert. Auf die Beschreibung des parametrischen Lösungsalgorithmus, der analog zu dem im Abschnitt 2.2.2 dargestellten Verfahren verläuft, wird ebenfalls verzichtet.

3.1. Das Modell der 'Zweiebenenplanung' von LIPTÁK[1]

Es wird von dem folgenden allgemeinen nicht strukturierten linearen Programm ausgegangen,

maximiere

$$z = \sum_{k=1}^{K} \underline{c}^{kT} \underline{x}^{k}$$

unter den Nebenbedingungen (3.1)

$$\sum_{k=1}^{K} \underline{A}^{k} \underline{x}^{k} \leq \underline{b}$$

$$\underline{x}^{k} \geq \underline{o} \qquad (k = 1,\ldots,K),$$

mit $\underline{A}^k$ $(m \times n_k)$-Matrizen, $\underline{x}^k, \underline{c}^k \in \mathbb{R}^{n_k}$ $(k = 1,\ldots,K)$,

$\underline{b} \in \mathbb{R}^m$ und $\sum_{k=1}^{K} n_k = n$.

Um einen Zusammenhang zwischen dem Modell von LIPTÁK, dem oben erwähnten parametrischen Lösungsverfahren von ADAM und RÖHRS und dem im Abschnitt 3.2 dargestellten doppelten Dekompositionsverfahren herzustellen,

---

1 Vgl. KORNAI-LIPTÁK [1965], S. 144 ff. und [1968], S. 105 ff. und LIPTÁK [1967].

wird im Unterschied zu LIPTÁK das lineare Programm (3.1) zuerst mit Hilfe des Zerlegungssatzes (Satz 1.3) in ein doppeltes Optimierungsproblem transformiert.

Hierzu werden die folgenden Bezeichnungen benötigt,

$$U'' := \{\underline{u} \in \mathbb{R}^{m\cdot K} \mid \left.\begin{array}{l} \underline{u}^T = (\underline{u}^{1T},\ldots,\underline{u}^{KT}) \\ \sum_{k=1}^{K} \underline{u}^k \leq \underline{b} \end{array}\right\}^{1} \tag{3.2}$$

$$U := \{\underline{u} \in U'' \mid \max \{\underline{c}^{kT}\underline{x}^k \mid \begin{array}{l} \underline{A}^k\underline{x}^k \leq \underline{u}^k \\ \underline{x}^k \geq \underline{o} \end{array}\} \text{ für } k = 1,\ldots,K \text{ existiert}\}. \tag{3.3}$$

Im folgenden Lemma wird das Programm (3.1) zuerst durch Hinzufügung von Variablenvektoren $\underline{u}^k \in \mathbb{R}^m$ ($k = 1,\ldots,K$) zu einem äquivalenten linearen Programm erweitert.

---

[1] LIPTÁK setzt in der Definition von U" $\sum_{k=1}^{K} \underline{u}^k = \underline{b}$. Hier wird $\sum_{k=1}^{K} \underline{u}^k \leq \underline{b}$ gewählt, damit die in den einzelnen Verfahren zu lösenden Hauptprogramme nur Ungleichungen als Nebenbedingungen besitzen. Alle Überlegungen der Abschnitte 3.1 und 3.2 bleiben auch gültig, wenn man in (3.2) $\sum_{k=1}^{K} \underline{u}^k = \underline{b}$ setzt.

Lemma 3.1

Das lineare Programm (3.1) und das folgende erweiterte lineare Programm,

maximiere

$$z = \sum_{k=1}^{K} \underline{c}^{kT} \underline{x}^k$$

unter den Nebenbedingungen (3.4)

$$\underline{A}^k \underline{x}^k - \underline{u}^k \leq \underline{o}$$

$$\sum_{k=1}^{K} \underline{u}^k \leq \underline{b}$$

$$\underline{x}^k \geq \underline{o} \qquad (k = 1,\ldots,K),$$

sind äquivalent. †

Zum Beweis von Lemma 3.1 sei bemerkt, daß es zu jeder zulässigen Lösung $\underline{\tilde{x}}^k$ $(k = 1,\ldots,K)$ von (3.1) Vektoren $\underline{\tilde{u}}^k \in \mathbb{R}^m$ $(k = 1,\ldots,K)$ gibt, so daß $\underline{\tilde{x}}^k, \underline{\tilde{u}}^k$ $(k = 1,\ldots,K)$ eine zulässige Lösung von (3.4) ist, und daß, falls $\underline{\tilde{x}}^k, \underline{\tilde{u}}^k$ $(k = 1,\ldots,K)$ eine zulässige Lösung von (3.4) ist, $\underline{\tilde{x}}^k$ $(k = 1,\ldots,K)$ eine zulässige Lösung von (3.1) ist. Ist nämlich $\underline{\tilde{x}}^k$ $(k = 1,\ldots,K)$ eine zulässige Lösung von (3.1), so setze man $\underline{\tilde{u}}^k := \underline{A}^k \underline{\tilde{x}}^k$ $(k = 1,\ldots,K)$. ††

Das lineare Programm (3.4) ist offenbar ein blockdiagonales lineares Programm mit den verbindenden Variablen $\underline{u}^k$ $(k = 1,\ldots,K)$. Wendet man auf das strukturierte Programm (3.4) den Zerlegungssatz (Satz 1.3) an, so ergibt sich die Behauptung des folgenden Satzes.

Satz 3.2

Das lineare Programm (3.1) und das folgende doppelte Optimierungsproblem,

$$\max_{\underline{u}\in U} \{ \sum_{k=1}^{K} \max \{\underline{c}^{kT}\underline{x}^k \mid \begin{matrix} \underline{A}^k\underline{x}^k \leq \underline{u}^k \\ \underline{x}^k \geq \underline{o} \end{matrix} \}\}, \qquad (3.5)$$

sind äquivalent. †

Das Verfahren von ADAM und RÖHRS[1] besteht nun darin, das gegebene lineare Programm (3.1) ausgehend von der doppelten Optimierungsaufgabe (3.5) ähnlich wie beim Verfahren von ROSEN (vgl. Abschnitt 1.2.1) parametrisch zu lösen.

Um nun das Modell von LIPTÁK zu entwickeln, wird die doppelte Optimierungsaufgabe (3.5) in ein äquivalentes Maximin-Problem transformiert. Zuerst müssen wieder einige Bezeichnungen eingeführt werden. Für $k = 1,\ldots,K$ werden die zulässigen Bereiche der inneren Maximierungsprobleme,

maximiere

$$z = \underline{c}^{kT}\underline{x}^k$$

unter den Nebenbedingungen (3.6)

$$\underline{A}^k\underline{x}^k \leq \underline{u}^k$$

$$\underline{x}^k \geq \underline{o},$$

von (3.5) mit $X(\underline{u}^k) \subset \mathbb{R}^{n_k}$ und die zulässigen Bereiche der zu (3.6) dualen Programme,

[1] Vgl. ADAM-RÖHRS [1967].

minimiere

$$Z = \underline{u}^{kT}\underline{y}^k$$

unter den Nebenbedingungen (3.7)

$$\underline{A}^{kT}\underline{y}^k \geq \underline{c}^k$$
$$\underline{y}^k \geq \underline{o},$$

mit $Y^k \subset R^m$ bezeichnet. Weiter bezeichnen $X \subset R^n$ bzw. $Y \subset R^m$ die zulässigen Bereiche von (3.1) bzw. dem zu (3.1) dualen Programm,

minimiere

$$Z = \underline{b}^T\underline{y}$$

unter den Nebenbedingungen (3.8)

$$\underline{A}^{kT}\underline{y} \geq \underline{c}^k \qquad (k = 1,\ldots,K)$$
$$\underline{y} \geq \underline{o},$$

S' das kartesische Produkt der Y^k $(k = 1,\ldots,K)$, d.h.

$$S' := \{\underline{s} \in \mathbb{R}^{m\cdot K} \mid \underline{s}^T = (\underline{y}^{1T},\ldots,\underline{y}^{KT}),\ \underline{y}^k \in Y^k \ (k = 1,\ldots,K)\}, \qquad (3.9)$$

und für $\underline{u} \in U''$ $X(\underline{u})$ das kartesische Produkt der $X(\underline{u}^k)$ $(k = 1,\ldots,K)$, d.h.

$$X(\underline{u}) := \{\underline{x} \in \mathbb{R}^n \mid \underline{x}^T = (\underline{x}^{1T},\ldots,\underline{x}^{KT}),\ \underline{x}^k \in X(\underline{u}^k) \ (k = 1,\ldots,K)\}. \qquad (3.10)$$

Mit der Bezeichnung (3.9) ergibt sich aus Satz 3.2 und der Dualitätstheorie unmittelbar, daß das lineare Programm (3.1) mit dem Maximin-Problem

$$\max_{\underline{u} \varepsilon U} \min_{\underline{s} \varepsilon S'} \underline{u}^T \underline{s} \qquad (3.11)$$

äquivalent ist.

Da somit das Maximin-Problem (3.11) eine Lösung des linearen Programms (3.1) liefert, ist es das Ziel der folgenden Überlegungen, das doppelte Optimierungsproblem (3.11) mit Hilfe der Spieltheorie zu lösen[1]. Da die Menge U in der Regel nicht explizit gegeben ist, wird als Strategienmenge des maximierenden Spielers eine Teilmenge U' von U" gewählt, die die folgende Eigenschaft besitzt,

$$X = \bigcup_{\underline{u} \varepsilon U'} X(\underline{u}). \qquad (3.12)$$

Eine Teilmenge $U' \subset U''$ mit der Eigenschaft (3.12) heißt eine Erzeugendenmenge von X.

Die Menge U" ist offenbar eine Erzeugendenmenge von X . Ist nämlich $\underline{x} = (\underline{x}^{1T},\ldots,\underline{x}^{KT})^T \varepsilon X$ und setzt man für k = 1,...,K

$$\underline{u}^k := \underline{A}^k \underline{x}^k,$$

so sind $\underline{u} = (\underline{u}^{1T},\ldots,\underline{u}^{KT})^T \varepsilon U''$, $\underline{x}^k \varepsilon X(\underline{u}^k)$ für k = 1,...,K und somit $\underline{x} \varepsilon X(\underline{u})$. Sind andererseits $\underline{u} \varepsilon U''$ und $\underline{x} = (\underline{x}^{1T},\ldots,\underline{x}^{KT})^T \varepsilon X(\underline{u})$, so gilt für k = 1,...,K

$$\underline{A}^k \underline{x}^k \leq \underline{u}^k, \ \underline{x}^k \geq \underline{o}.$$

---

[1] Zur Definition eines Spiels und eines Gleichgewichtspunktes vgl. etwa KARLIN [1962], S. 15 ff.

Hieraus folgt wegen $\underline{u} \in U''$ (vgl. (3.2)) $\underline{x} \in X$. Eine Erzeugendenmenge von X ist aber nicht notwendig gleich U". Bei LIPTÁK findet man ein Beispiel, in dem eine Erzeugendenmenge von X angegeben wird, die eine echte Teilmenge von U" ist[1].

Es sei jetzt U' eine beliebige Erzeugendenmenge von X. Die Lösung des linearen Programms (3.1) wird durch das Zwei-Personen-Nullsummenspiel

$$\Gamma := (U', S'; \underline{u}^T\underline{s})$$

charakterisiert. Aus der Spieltheorie wird das folgende Lemma benötigt. Hierzu bezeichne $\bar{U}'$ bzw. $\bar{S}'$ die Gesamtheit aller $\underline{u} \in U'$ bzw. $\underline{s} \in S'$, so daß

$$\min_{\underline{s} \in S'} \underline{u}^T\underline{s} \quad \text{bzw.} \quad \max_{\underline{u} \in U'} \underline{u}^T\underline{s}$$

existiert.

Lemma 3.3

Das Spiel Γ besitzt genau dann einen Gleichgewichtspunkt , wenn

$$\max_{\underline{u} \in \bar{U}'} \min_{\underline{s} \in S'} \underline{u}^T\underline{s} = \min_{\underline{s} \in \bar{S}'} \max_{\underline{u} \in U'} \underline{u}^T\underline{s} \tag{3.13}$$

gilt. † [2]

Zum Beweis sei zuerst $(\hat{\underline{u}}, \hat{\underline{s}}) \in U' \times S'$ ein Gleichgewichtspunkt von Γ, d.h., für alle $(\underline{u}, \underline{s}) \in U' \times S'$ gilt

---

[1] Vgl. KORNAI-LIPTÁK,[1965], S. 148 f. und [1968], S. 108 f. und LIPTÁK [1967], S. 458 f.

[2] Vgl. VOGEL [1969], S. 2.

$$\underline{u}^T\hat{\underline{s}} \leq \hat{\underline{u}}^T\hat{\underline{s}} \leq \hat{\underline{u}}^T\underline{s}. \tag{3.14}$$

Aus (3.14) folgt

$$\inf_{\underline{s}\in S'} \max_{\underline{u}\in U'} \underline{u}^T\underline{s} \leq \hat{\underline{u}}^T\hat{\underline{s}} \leq \sup_{\underline{u}\in U'} \min_{\underline{s}\in S'} \underline{u}^T\underline{s}.$$

Da andererseits die folgende Ungleichungskette,

$$\inf_{\underline{s}\in S'} \max_{\underline{u}\in U'} \underline{u}^T\underline{s} \geq \inf_{\underline{s}\in S'} \sup_{\underline{u}\in U'} \underline{u}^T\underline{s} \geq$$

$$\sup_{\underline{u}\in U'} \inf_{\underline{s}\in S'} \underline{u}^T\underline{s} \geq \sup_{\underline{u}\in U'} \min_{\underline{s}\in S'} \underline{u}^T\underline{s},$$

gilt, folgt

$$\inf_{\underline{s}\in S'} \max_{\underline{u}\in U'} \underline{u}^T\underline{s} = \hat{\underline{u}}^T\hat{\underline{s}} = \sup_{\underline{u}\in U'} \min_{\underline{s}\in S'} \underline{u}^T\underline{s},$$

woraus sich unmittelbar (3.13) ergibt. Gilt (3.13), so existiert ein $(\hat{\underline{u}}, \hat{\underline{s}}) \in U' \times S'$ mit

$$\max_{\underline{u}\in U'} \underline{u}^T\hat{\underline{s}} = \hat{\underline{u}}^T\hat{\underline{s}} = \min_{\underline{s}\in S'} \hat{\underline{u}}^T\underline{s},$$

woraus sofort (3.14) folgt. ††

Die drei folgenden Sätze setzen das lineare Programm (3.1) zum Spiel Γ in Beziehung.

<u>Satz 3.4</u>

Es sei U' eine Erzeugendenmenge von X. Besitzt (3.1) keine zulässige Lösung, so ist $\bar{U}' = \emptyset$. †

Zum Beweis werden die beiden Fälle $U' = \emptyset$ und $U' \neq \emptyset$ unterschieden.

(i) Ist $U' = \emptyset$, so ist wegen $\bar{U}' \subset U'$ auch $\bar{U}' = \emptyset$.
(ii) Für den Fall $U' \neq \emptyset$ wird gezeigt, daß für jedes $\underline{u} \in U'$

$$\min_{\underline{s}\in S'} \underline{u}^T\underline{s} \tag{3.15}$$

nicht existiert, d.h., für jedes $\underline{u} \in U'$ gilt $\underline{u} \notin \bar{U}'$, woraus wegen $\bar{U}' \subset U'$ wiederum $\bar{U}' = \emptyset$ folgt.

(iia) Im Falle $S' = \emptyset$ ergibt sich die Nichtexistenz von (3.15) unmittelbar.

(iib) Ist $S' \neq \emptyset$, so sei $\underline{u} \in U'$ beliebig. Es folgt aus der Definition von S' (vgl. (3.9)), daß für $k = 1,\ldots,K$ $Y^k \neq \emptyset$ sind. Da U' eine Erzeugendenmenge von X (vgl. (3.12)) und nach Voraussetzung $X = \emptyset$ sind, gilt $X(\underline{u}) = \emptyset$, woraus nach der Definition von $X(\underline{u})$ (vgl. (3.10)) folgt, daß es ein $k' \in \{1,\ldots,K\}$ mit $X(\underline{u}^{k'}) = \emptyset$ gibt. Nach der Dualitätstheorie folgt schließlich aus $Y^{k'} \neq \emptyset$ und $X(\underline{u}^{k'}) = \emptyset$, daß das Programm (3.7) für $k = k'$ eine unbeschränkte Lösung besitzt, d.h., es gilt

$$\inf_{\underline{y}^{k'} \in Y^{k'}} \underline{u}^{k'T} \underline{y}^{k'} = -\infty. \qquad (3.16)$$

Da sich (3.15) in der Form

$$\sum_{k=1}^{K} \min_{\underline{y}^k \in Y^k} \underline{u}^{kT} \underline{y}^k$$

darstellen läßt, folgt aus (3.16), daß (3.15) nicht existiert. ††

Satz 3.5

Es sei U' eine Erzeugendenmenge von X. Besitzt (3.1) eine unbeschränkte Lösung, so ist $\bar{S}' = \emptyset$. †

(i) Ist zum Beweis $S' = \emptyset$, so ist wegen $\bar{S}' \subset S'$ auch $\bar{S}' = \emptyset$.

(ii) Es sei $S' \neq \emptyset$. Da (3.1) eine unbeschränkte Lösung besitzt, existiert eine Folge $\underline{x}_n \in X$ ($n \in \mathbb{N}$) mit

$$\lim_{n \to \infty} \underline{c}^T \underline{x}_n = +\infty. \qquad (3.17)$$

Da andererseits U' eine Erzeugendenmenge von X ist, existieren $\underline{u}_n \in U'$ mit $\underline{x}_n \in X(\underline{u}_n)$ $(n \in \mathbb{N})$. Für $n \in \mathbb{N}$ gilt also nach der Dualitätstheorie wegen $X(\underline{u}_n) \neq \emptyset$ und $S' \neq \emptyset$ (vgl. (3.9))

$$\inf_{s \in S'} \underline{u}_n^T \underline{s} = \sum_{k=1}^{K} \min \{\underline{u}_n^{kT} \underline{y}^k \mid \underline{y}^k \in Y^k\} =$$

$$\sum_{k=1}^{K} \max \{\underline{c}^{kT} \underline{x}^k \mid \underline{x}^k \in X(\underline{u}_n^k)\} \geq \underline{c}^T \underline{x}_n.$$

Hieraus ergibt sich mit (3.17)

$$\sup_{\underline{u} \in U'} \inf_{\underline{s} \in S'} \underline{u}^T \underline{s} = +\infty. \qquad (3.18)$$

Aus (3.18) folgt

$$\inf_{\underline{s} \in S'} \sup_{\underline{u} \in U'} \underline{u}^T \underline{s} = +\infty,$$

woraus sich $\bar{S}' = \emptyset$ ergibt. ††

Für den folgenden Satz, der die Äquivalenz des Programms (3.1) und des Spiels Γ zum Inhalt hat, müssen zuerst wieder einige Bezeichnungen eingeführt werden. Es werden mit $\hat{X}$ die Gesamtheit aller optimalen Lösungen von (3.1), mit $\hat{X}(\underline{u}^k)$ $(k = 1,\ldots,K)$ die Gesamtheit aller optimalen Lösungen von (3.6) und mit $\hat{X}(\underline{u})$ das kartesische Produkt der $\hat{X}(\underline{u}^k)$ $(k = 1,\ldots,K)$ bezeichnet.

Satz 3.6

(i) Das Programm (3.1) besitzt genau dann eine optimale Lösung wenn das Spiel Γ einen Gleichgewichtspunkt besitzt.

(ii) Ist $\hat{U}' \subset U'$ die Gesamtheit aller optimalen Strategien des maximierenden Spielers von Γ, so gilt

$$\hat{X} = \bigcup_{\underline{u} \varepsilon \hat{U}'} \hat{X}(\underline{u}). \dagger \tag{3.19}$$

(ia) Es wird angenommen, daß (3.1) eine optimale Lösung besitzt.

Da somit $Y \neq \emptyset$ ist, sind

$$S := \{\underline{s} \;\varepsilon\; S' \mid \underline{s}^T = (\underline{y}^T,\ldots,\underline{y}^T),\; \underline{y} \;\varepsilon\; Y\}$$

und wegen $S \subset S'$ auch S' ungleich leer. Damit gilt für $\bar{U}'$

$$\bar{U}' = \{\underline{u} \;\varepsilon\; U' \mid X(\underline{u}) \neq \emptyset\},$$

woraus

$$X = \bigcup_{\underline{u} \varepsilon \bar{U}'} X(\underline{u}) \tag{3.20}$$

folgt, da U' eine Erzeugendenmenge von X ist (vgl. (3.12)).

Es gelten also wegen (3.20), $S \subset S'$ und $\sum_{k=1}^{K} \underline{u}^k \leq \underline{b}$ ($\underline{u} \;\varepsilon\; U'$) für den optimalen Zielfunktionswert $\hat{z}$ von (3.1) die folgenden Beziehungen,

$$\hat{z} = \max \{\underline{c}^T\underline{x} \mid \underline{x} \;\varepsilon\; X\} =$$

$$\max \{\underline{c}^T\underline{x} \mid \underline{x} \;\varepsilon\; \bigcup_{\underline{u} \varepsilon \bar{U}'} X(\underline{u})\} =$$

$$\max_{\underline{u} \varepsilon \bar{U}'} \max_{\underline{x} \varepsilon X(\underline{u})} \underline{c}^T\underline{x} =$$

$$\max_{\underline{u} \varepsilon \bar{U}'} \min_{\underline{s} \varepsilon S'} \underline{u}^T\underline{s} = \sup_{\underline{u} \varepsilon U'} \inf_{\underline{s} \varepsilon S'} \underline{u}^T\underline{s} \leq$$

$$\inf_{\underline{s}\in S'} \sup_{\underline{u}\in U'} \underline{u}^T\underline{s} \leq \inf_{\underline{s}\in S} \sup_{\underline{u}\in U'} \underline{u}^T\underline{s} =$$

$$\inf_{\underline{y}\in Y} \sup_{\underline{u}\in U'} \left(\sum_{k=1}^{K} \underline{u}^{kT}\right)\underline{y} \leq \inf_{\underline{y}\in Y} \underline{b}^T\underline{y} = \hat{z}. \qquad (3.21)$$

Aus (3.21) ergibt sich die Gleichung (3.13), woraus nach Lemma 3.3 für das Spiel Γ die Existenz eines Gleichgewichtspunktes folgt.

(ib) Besitzt das Programm (3.1) keine optimale Lösung, d.h. keine zulässige oder eine unbeschränkte Lösung, so folgt mit Lemma 3.3 aus den Sätzen 3.4 und 3.5, daß Γ keinen Gleichgewichtspunkt besitzt.

(ii) Die Gleichung (3.19) ergibt sich unmittelbar aus den Beziehungen (3.21). ††

Mit den Sätzen 3.4, 3.5 und 3.6 ist damit die Lösung des linearen Programms auf die Lösung eines Zwei-Personen-Nullsummenspiels zurückgeführt.

Im Verfahren von LIPTÁK wird das Spiel Γ mit der Methode des fiktiven Abspielens gelöst[1]. Hierzu müssen über die Strategienmengen U' und S' zusätzliche Annahmen gemacht werden, die die Anwendbarkeit des LIPTÁKschen Verfahrens erheblich einschränken. KORNAI hat darum ein heuristisches Verfahren[2], auf das hier jedoch nicht eingegangen wird, entwickelt, das eine Kombination der Verfahren von LIPTÁK und von DANTZIG und WOLFE (vgl. Abschnitt 1.1.1) darstellt.

---

[1] Vgl. KORNAI-LIPTÁK [1965], S. 152 ff. und [1968], S. 112 ff. und LIPTAK [1967], S. 464 ff. Zur Methode des fiktiven Abspielens vgl. auch DANSKIN [1954]; KARLIN [1962], S. 179 ff. und ROBINSON [1951].

[2] Vgl. KORNAI [1969], S. 153 ff.

3.2. Ein aus dem Zerlegungssatz abgeleitetes allgemeines doppeltes Dekompositionsprinzip

Es wird die im Abschnitt 2.2 entwickelte doppelte Dekompositionsmethode auf nicht strukturierte lineare Programme übertragen. Da hierzu im Unterschied zum Verfahren von LIPTÁK der Begrenzungsvektor und der Zielfunktionsvektor durch Summen von variablen Vektoren ersetzt werden, wird von den beiden folgenden zueinander dualen allgemeinen linearen Programmen ausgegangen,

maximiere

$$z = \sum_{k=1}^{K} \underline{c}^{kT} \underline{x}^{k}$$

unter den Nebenbedingungen (3.22)

$$\sum_{k=1}^{K} \underline{A}^{lk} \underline{x}^{k} \leq \underline{b}^{l} \qquad (l = 1,\dots,L)$$

$$\underline{x}^{k} \geq \underline{o} \qquad (k = 1,\dots,K)$$

und

minimiere

$$Z = \sum_{l=1}^{L} \underline{b}^{lT} \underline{y}^{l}$$

unter den Nebenbedingungen (3.23)

$$\sum_{l=1}^{L} \underline{A}^{lkT} \underline{y}^{l} \geq \underline{c}^{k} \qquad (k = 1,\dots,K)$$

$$\underline{y}^{l} \geq \underline{o} \qquad (l = 1,\dots,L).$$

Hierbei seien für $k = 1,\dots,K$ und $l = 1,\dots,L$ $\underline{A}^{lk}$ $(m_l \times n_k)$-Matrizen, $\underline{x}^k, \underline{c}^k \in \mathbb{R}^{n_k}$, $\underline{y}^l, \underline{b}^l \in \mathbb{R}^{m_l}$ und $\sum_{k=1}^{K} n_k = n$ und $\sum_{l=1}^{L} m_l = m$.

Zur Transformation der Programme (3.22) und (3.23) in dreifache Optimierungsprobleme müssen zuerst einige Bezeichnungen eingeführt werden, und zwar für k = 1,...,K und l = 1,...,L (vgl. (3.2) und (3.3)),

$$U''^{l} := \left\{ \underline{u}^{l:} \in \mathbb{R}^{m_l \cdot K} \;\middle|\; \begin{array}{l} \underline{u}^{l:} = (\underline{u}^{l1T},\dots,\underline{u}^{lKT})^T \\ \sum_{k=1}^{K} \underline{u}^{lk} \leq \underline{b}^{l} \end{array} \right\}$$

$$U := \left\{ \underline{u} = (\underline{u}^{1:T},\dots,\underline{u}^{L:T})^T \;\middle|\; \begin{array}{l} \underline{u}^{l:} \in U''^{l} \; (l = 1,\dots,L) \\ \max \left\{ \underline{c}^{kT}\underline{x}^{k} \;\middle|\; \begin{array}{r} \underline{A}^{lk}\underline{x}^{k} \leq \underline{u}^{lk} \\ (l = 1,\dots,L) \\ \underline{x}^{k} \geq \underline{o} \end{array} \right\} \\ \text{für } k = 1,\dots,K \text{ existiert} \end{array} \right\}$$

$$V''^{k} := \left\{ \underline{v}^{:k} \in \mathbb{R}^{n_k \cdot L} \;\middle|\; \begin{array}{l} \underline{v}^{:k} = (\underline{v}^{1kT},\dots,\underline{v}^{LkT})^T \\ \sum_{l=1}^{L} \underline{v}^{lk} \geq \underline{c}^{k} \end{array} \right\}$$

$$V := \left\{ \underline{v} = (\underline{v}^{:1T},\dots,\underline{v}^{:KT})^T \;\middle|\; \begin{array}{l} \underline{v}^{:k} \in V''^{k} \; (k = 1,\dots,K) \\ \min \left\{ \underline{b}^{lT}\underline{y}^{l} \;\middle|\; \begin{array}{r} \underline{A}^{lkT}\underline{y}^{l} \geq \underline{v}^{lk} \\ (k = 1,\dots,K) \\ \underline{y}^{l} \geq \underline{o} \end{array} \right\} \\ \text{für } l = 1,\dots,L \text{ existiert} \end{array} \right\}$$

für $\underline{u}^{:k} = (\underline{u}^{1kT},\ldots,\underline{u}^{LkT})^T \in \mathbb{R}^m$:

$$V(\underline{u}^{:k}) := \{\underline{v}^{:k} \in V''^{k} \mid \min \{\underline{u}^{lkT}\underline{y}^{lk} \mid \begin{array}{l} \underline{A}^{lkT}\underline{y}^{lk} \geq \underline{v}^{lk} \\ \underline{y}^{lk} \geq \underline{o} \end{array}\} \text{ für } l = 1,\ldots,L \text{ existiert}\}$$

und für $\underline{v}^{l:} = (\underline{v}^{l1T},\ldots,\underline{v}^{lKT})^T \in \mathbb{R}^n$:

$$U(\underline{v}^{l:}) := \{\underline{u}^{l:} \in U''^{l} \mid \max \{\underline{v}^{lkT}\underline{x}^{lk} \mid \begin{array}{l} \underline{A}^{lk}\underline{x}^{lk} \leq \underline{u}^{lk} \\ \underline{x}^{lk} \geq \underline{o} \end{array}\} \text{ für } k = 1,\ldots,K \text{ existiert}\}.$$

Mit Lemma 3.1 ergeben sich die folgenden zu (3.22) bzw. (3.23) äquivalenten erweiterten linearen Programme,

maximiere

$$z = \sum_{k=1}^{K} \underline{c}^{kT}\underline{x}^{k}$$

unter den Nebenbedingungen (3.24)

$$\underline{A}^{lk}\underline{x}^{k} - \underline{u}^{lk} \leq \underline{o}$$

$$\sum_{k=1}^{K} \underline{u}^{lk} \leq \underline{b}^{l}$$

$$\underline{x}^{k} \geq \underline{o}$$

$$(l = 1,\ldots,L;\ k = 1,\ldots,K)$$

bzw.

minimiere

$$Z = \sum_{l=1}^{L} \underline{b}^{lT}\underline{y}^{l}$$

unter den Nebenbedingungen (3.25)

$$\underline{A}^{lkT}\underline{y}^{l} - \underline{v}^{lk} \geq \underline{o}$$

$$\sum_{l=1}^{L} \underline{v}^{lk} \geq \underline{c}^{k}$$

$$\underline{y}^{l} \geq \underline{o}$$

$$(l = 1,\ldots,L;\ k = 1,\ldots,K).$$

Mit den obigen Bezeichnungen findet man durch zweimaliges Anwenden von Satz 3.2 die dreifachen Optimierungsaufgaben des folgenden Satzes.

Satz 3.7

Die linearen Programme (3.22) bzw. (3.23) und die dreifachen Optimierungsaufgaben

$$\max_{\underline{u}\in U} \{ \sum_{k=1}^{K} \min_{\underline{v}^{:k}\in V(\underline{u}^{:k})} \{ \sum_{l=1}^{L} \min \{\underline{u}^{lkT}\underline{y}^{lk} \mid \begin{matrix} \underline{A}^{lkT}\underline{y}^{lk} \geq \underline{v}^{lk} \\ \underline{y}^{lk} \geq \underline{o} \end{matrix} \}\}\} \qquad (3.26)$$

bzw.

$$\min_{\underline{v}\in V} \{ \sum_{l=1}^{L} \max_{\underline{u}^{l:}\in U(\underline{v}^{l:})} \{ \sum_{k=1}^{K} \max \{\underline{v}^{lkT}\underline{x}^{lk} \mid \begin{matrix} \underline{A}^{lk}\underline{x}^{lk} \leq \underline{u}^{lk} \\ \underline{x}^{lk} \geq \underline{o} \end{matrix} \}\}\} \qquad (3.27)$$

sind zueinander äquivalent. †

Es wird nur die Äquivalenz von (3.22) und (3.26) bewiesen. Der Beweis der Äquivalenz von (3.23) und (3.27) verläuft analog.

Nach Satz 3.2 ist das lineare Programm (3.22) mit der doppelten Optimierungsaufgabe

$$\max_{\underline{u} \in U} \left\{ \sum_{k=1}^{K} \max \left\{ \underline{c}^{kT} \underline{x}^{k} \;\middle|\; \begin{array}{c} \underline{A}^{lk} \underline{x}^{k} \leq \underline{u}^{lk} \\ (l = 1,\ldots,L) \\ \underline{x}^{k} \geq \underline{o} \end{array} \right\} \right\} \tag{3.28}$$

äquivalent.

Für k = 1,...,K gilt für die innersten Maximierungsprobleme von (3.28) die folgende Gleichungskette, wobei die erste Gleichung aus der Dualitätstheorie und die zweite aus Satz 3.2, der ganz analog auch für Minimierungsprobleme gilt, folgen,

$$\max \left\{ \underline{c}^{kT} \underline{x}^{k} \;\middle|\; \begin{array}{c} \underline{A}^{lk} \underline{x}^{k} \leq \underline{u}^{lk} \\ (l = 1,\ldots,L) \\ \underline{x}^{k} \geq \underline{o} \end{array} \right\} =$$

$$\min \left\{ \sum_{l=1}^{L} \underline{u}^{lkT} \underline{y}^{lk} \;\middle|\; \begin{array}{l} \sum_{l=1}^{L} \underline{A}^{lkT} \underline{y}^{lk} \geq \underline{c}^{k} \\ \underline{y}^{lk} \geq \underline{o} \;\; (l = 1,\ldots,L) \end{array} \right\} =$$

$$\min_{\underline{v}^{:k} \in V(\underline{u}^{:k})} \left\{ \sum_{l=1}^{L} \min \left\{ \underline{u}^{lkT} \underline{y}^{lk} \;\middle|\; \begin{array}{c} \underline{A}^{lkT} \underline{y}^{lk} \geq \underline{v}^{lk} \\ \underline{y}^{lk} \geq \underline{o} \end{array} \right\} \right\}$$

$$(k = 1,\ldots,K). \tag{3.29}$$

Aus (3.28) und (3.29) folgt die behauptete Äquivalenz von (3.22) und (3.26). ††

Da diese Transformation eines linearen Programms in ein dreifaches Optimierungsproblem mehr von theoretischer als von praktischer Bedeutung ist, wird auf eine Übertragung des im Abschnitt 2.2.2 entwickelten Lösungsalgorithmus auf die Probleme (3.26) und (3.27) verzichtet.

Für nicht strukturierte lineare Programme gibt es also bis jetzt noch keine brauchbaren Dekompositionsmethoden. Der bei den vorhandenen allgemeinen Dekompositionsverfahren eingeschlagene Weg, das nicht strukturierte Problem durch Hinzufügung von zusätzlichen Variablen in ein strukturiertes Programm zu transformieren, um dieses erweiterte Problem anschließend mit Hilfe der linearen Dekomposition zu lösen, scheint mir wenig erfolgversprechend zu sein. Will man nämlich den Umfang der zu lösenden Teilprogramme klein machen, so muß man die Koeffizientenmatrix in sehr viele Untermatrizen zerlegen, was wiederum die Anzahl der zusätzlichen Variablen sehr groß werden läßt.

Da in aller Regel die Koeffizientenmatrizen umfangreicher linearer Programme viele Nullen enthalten, dürfte es sinnvoller sein, zu versuchen, das nicht strukturierte Programm durch Vertauschen von Zeilen und/oder Spalten der Koeffizientenmatrix in ein strukturiertes Problem zu transformieren. Es gibt hierzu bis jetzt jedoch nur einige wenige Arbeiten[1].

---

[1] Vgl. JAEGER-WENKE [1969], S. 289 ff.; STEWARD [1962] und WENKE [1964].

Anhang I

Das im Abschnitt 2.2 entwickelte doppelte Dekompositionsverfahren wird an Hand der beiden folgenden zueinander dualen linearen Programme erläutert,

maximiere

$$z = 0x^{o} + 1x_1^1 + 2x_2^1 + 4x_1^2 + 3x_2^2$$

unter den Nebenbedingungen (A 1)

$$\begin{array}{rrrrrl}
 & & & -1x_1^2 & + 1x_2^2 & \leq 1 \\
 & & & 2x_1^2 & + 1x_2^2 & \leq 1 \\
 & -1x_1^1 & + 0x_2^1 & + 1x_1^2 & + 1x_2^2 & \leq -1 \\
 & 1x_1^1 & - 1x_2^1 & - 1x_1^2 & + 1x_2^2 & \leq 1 \\
 & 2x_1^1 & - 1x_2^1 & + 2x_1^2 & + 1x_2^2 & \leq 1 \\
-2x^{o} & - 1x_1^1 & - 2x_2^1 & - 1x_1^2 & + 1x_2^2 & \leq -1 \\
1x^{o} & - 1x_1^1 & + 1x_2^1 & - 2x_1^2 & + 1x_2^2 & \leq 1 \\
 & & & & x^{o}, x_1^1, x_2^1, x_1^2, x_2^2 & \geq 0
\end{array}$$

bzw.

minimiere

$$Z = 1y_1^{o} + 1y_2^{o} - 1y_1^1 + 1y_2^1 + 1y_3^1 - 1y_1^2 + 1y_2^2$$

unter den Nebenbedingungen (A 2)

$$\begin{array}{rrrrrrrl}
 & & & & & - 2y_1^2 & + 1y_2^2 & \geq 0 \\
 & & - 1y_1^1 & + 1y_2^1 & + 2y_3^1 & - 1y_1^2 & - 1y_2^2 & \geq 1 \\
 & & 0y_1^1 & - 1y_2^1 & - 1y_3^1 & - 2y_1^2 & + 1y_2^2 & \geq 2 \\
- 1y_1^{o} & + 2y_2^{o} & + 1y_1^1 & - 1y_2^1 & + 2y_3^1 & - 1y_1^2 & - 2y_2^2 & \geq 4 \\
1y_1^{o} & + 1y_2^{o} & + 1y_1^1 & + 1y_2^1 & + 1y_3^1 & + 1y_1^2 & + 1y_2^2 & \geq 3 \\
 & & & & & & y_1^{o}, y_2^{o}, y_1^1, y_2^1, y_3^1, y_1^2, y_2^2 & \geq 0.
\end{array}$$

Die Programme (A 1) bzw. (A 2) sind mit K = 1 und

$$\underline{A}^1 = \begin{pmatrix} -1 & 0 \\ 1 & -1 \\ 2 & -1 \end{pmatrix}, \quad \underline{A}^2 = \begin{pmatrix} -1 & 1 \\ -2 & 1 \end{pmatrix},$$

$$\underline{B}^0 = \begin{pmatrix} -2 \\ 1 \end{pmatrix}, \quad \underline{B}^1 = \begin{pmatrix} -1 & -2 \\ -1 & 1 \end{pmatrix},$$

$$\underline{D}^0 = \begin{pmatrix} -1 & 1 \\ 2 & 1 \end{pmatrix}, \quad \underline{D}^1 = \begin{pmatrix} 1 & 1 \\ -1 & 1 \\ 2 & 1 \end{pmatrix},$$

$$\underline{b}^0 = \begin{pmatrix} 1 \\ 1 \end{pmatrix}, \quad \underline{b}^1 = \begin{pmatrix} -1 \\ 1 \\ 1 \end{pmatrix}, \quad \underline{b}^2 = \begin{pmatrix} -1 \\ 1 \end{pmatrix},$$

$$c^0 = 0, \quad \underline{c}^1 = \begin{pmatrix} 1 \\ 2 \end{pmatrix}, \quad \underline{c}^2 = \begin{pmatrix} 4 \\ 3 \end{pmatrix}$$

offenbar von der Gestalt (2.1) bzw. (2.2).

Es wird von den folgenden zulässigen Lösungen von (A 1) bzw. (A 2) ausgegangen,

$$\tilde{x}^0 = 0, \; \tilde{\underline{x}}^1 = \begin{pmatrix} 1 \\ 2 \end{pmatrix}, \; \tilde{\underline{x}}^2 = \begin{pmatrix} 0 \\ 0 \end{pmatrix} \Rightarrow \tilde{z} = 5$$

bzw.

$$\tilde{\underline{y}}^0 = \begin{pmatrix} 1 \\ 5 \end{pmatrix}, \; \tilde{\underline{y}}^1 = \begin{pmatrix} 0 \\ 0 \\ 4 \end{pmatrix}, \; \tilde{\underline{y}}^2 = \begin{pmatrix} 0 \\ 6 \end{pmatrix} \Rightarrow \tilde{Z} = 16.$$

Da $\tilde{Z} - \tilde{z} = 11 > 0$, sind die optimalen Lösungen von (A 1) und (A 2) noch nicht erreicht.

<u>Die primale Schleife des ersten Iterationsschritts</u>

Nach (2.52) gilt

$$\tilde{\underline{c}}^1 = \begin{pmatrix} 1 \\ 2 \end{pmatrix} - \begin{pmatrix} -1 & -1 \\ -2 & 1 \end{pmatrix} \begin{pmatrix} 0 \\ 6 \end{pmatrix} = \begin{pmatrix} 7 \\ -4 \end{pmatrix},$$

$$\tilde{\underline{b}}^1 = \begin{pmatrix} -1 \\ 1 \\ 1 \end{pmatrix} - \begin{pmatrix} 1 & 1 \\ -1 & 1 \\ 2 & 1 \end{pmatrix} \begin{pmatrix} 0 \\ 0 \end{pmatrix} = \begin{pmatrix} -1 \\ 1 \\ 1 \end{pmatrix},$$

$$\tilde{\underline{c}}^2 = \begin{pmatrix} 4 \\ 3 \end{pmatrix} - \begin{pmatrix} -1 & -2 \\ 1 & 1 \end{pmatrix} \begin{pmatrix} 0 \\ 6 \end{pmatrix} = \begin{pmatrix} 16 \\ -3 \end{pmatrix}.$$

Hiermit erhält man auf der 'untersten Ebene' nach (2.53) das lineare Programm,

maximiere

$$z = 7x_1^1 - 4x_2^1$$

unter den Nebenbedingungen (A 3)

$$\begin{array}{llllll} -x_1^1 & + 0x_2^1 & + s_{p1}^1 & & & = -1 \\ x_1^1 & - \; x_2^1 & & + s_{p2}^1 & & = 1 \\ 2x_1^1 & - \; x_2^1 & & & + s_{p3}^1 & = 1 \\ & & x_1^1, x_2^1, s_{p1}^1, s_{p2}^1, s_{p3}^1 \geq 0. \end{array}$$

-1*	0	1			-1
1	-1		1		1
2	-1			1	1
-7	4				
1	0	-1			1
	-1	1	1		0
	-1*	2		1	-1
	4	-7			7
1		-1		0	1
		-1	1	-1	1
	1	-2		-1	1
		1		4	3

Aus dem optimalen Tableau des Programms (A 3) erhält man nach (2.55)

$\underline{A}^1_{p1} = \underline{A}^1,\ \underline{B}^1_{p1} = \underline{B}_1,\ \tilde{\underline{c}}^1_1 = \tilde{\underline{c}}^1,\ \underline{c}^1_1 = \underline{c}^1,$

$\underline{A}^1_{p2},\ \underline{B}^1_{p2},\ \tilde{\underline{c}}^1_2,\ \underline{c}^1_2$ existieren nicht,

$$\underline{I}^1_{p1} = \begin{pmatrix} 0 \\ 1 \\ 0 \end{pmatrix},\quad \underline{I}^1_{p2} = \begin{pmatrix} 1 & 0 \\ 0 & 0 \\ 0 & 1 \end{pmatrix} \qquad \text{(A 4)}$$

und für die Inverse $\tilde{\underline{A}}^1_p$ der optimalen Basismatrix von (A 3)

$$\tilde{\underline{A}}^1_p = \begin{pmatrix} -1 & 0 & 0 \\ -2 & 0 & -1 \\ -1 & 1 & -1 \end{pmatrix}$$

$$\tilde{\underline{A}}^1_{p1} = \begin{pmatrix} -1 & 0 & 0 \\ -2 & 0 & -1 \end{pmatrix},\quad \tilde{\underline{A}}^1_{p2} = (-1 \quad 1 \quad -1). \qquad \text{(A 5)}$$

Zur Definition des Programms der 'mittleren Ebene' ergibt sich aus (A 4) und (A 5) nach (2.57)

$$\underline{D}^{*0} = \begin{pmatrix} -1 & 1 \\ 2 & 1 \end{pmatrix},\quad \underline{b}^{*0} = \begin{pmatrix} 1 \\ 1 \end{pmatrix},$$

$$\underline{D}^{*1} = \begin{pmatrix} -1 & 0 & 0 \\ -2 & 0 & -1 \\ -1 & 1 & -1 \end{pmatrix} \begin{pmatrix} 1 & 1 \\ -1 & 1 \\ 2 & 1 \end{pmatrix} = \begin{pmatrix} -1 & -1 \\ -4 & -3 \\ -4 & -1 \end{pmatrix},$$

$$\underline{b}^{*1} = \begin{pmatrix} -1 & 0 & 0 \\ -2 & 0 & -1 \\ -1 & 1 & -1 \end{pmatrix} \begin{pmatrix} -1 \\ 1 \\ 1 \end{pmatrix} = \begin{pmatrix} 1 \\ 1 \\ 1 \end{pmatrix},$$

$$\underline{c}^{*2} = \begin{pmatrix} 16 \\ -3 \end{pmatrix} - \begin{pmatrix} 1 & -1 & 2 \\ 1 & 1 & 1 \end{pmatrix} \begin{pmatrix} -1 & -2 \\ 0 & 0 \\ 0 & -1 \end{pmatrix} \begin{pmatrix} 7 \\ -4 \end{pmatrix} = \begin{pmatrix} 7 \\ -8 \end{pmatrix},$$

$$z^* = (7 \quad -4) \begin{pmatrix} -1 & 0 & 0 \\ -2 & 0 & -1 \end{pmatrix} \begin{pmatrix} -1 \\ 1 \\ 1 \end{pmatrix} = 3. \qquad \text{(A 6)}$$

Das Programm (2.58) der 'mittleren Ebene' lautet somit,

maximiere

$$z = 7x^2_1 - 8x^2_2 + 3$$

unter den Nebenbedingungen (A 7)

$$
\begin{array}{rrrrrrrl}
-x_1^2 & + x_2^2 & + s_{p1}^{*o} & & & & & = 1 \\
2x_1^2 & + x_2^2 & & + s_{p2}^{*o} & & & & = 1 \\
-x_1^2 & - x_2^2 & & & + s_{p1}^{*1} & & & = 1 \\
-4x_1^2 & - 3x_2^2 & & & & + s_{p2}^{*1} & & = 1 \\
-4x_1^2 & - x_2^2 & & & & & + s_{p3}^{*1} & = 1
\end{array}
$$

$$x_1^2, x_2^2, s_{p1}^{*o}, s_{p2}^{*o}, s_{p1}^{*1}, s_{p2}^{*1}, s_{p3}^{*1} \geq 0.$$

-1	1	1					1
2*	1		1				1
-1	-1			1			1
-4	-3				1		1
-4	-1					1	1
-7	8						3

	3/2	1	1/2				3/2
1	1/2		1/2				1/2
	-1/2		1/2	1			3/2
	-1		2		1		3
	1		2			1	3
	23/2		7/2				13/2

Aus dem optimalen Tableau von (A 7) erhält man nach (2.61) und (2.62)

$$\underline{A}_{p1}^2 = \begin{pmatrix} -1 \\ -2 \end{pmatrix}, \quad \underline{A}_{p2}^2 = \begin{pmatrix} 1 \\ 1 \end{pmatrix},$$

$$\underline{c}_1^{*2} = 7, \quad \underline{c}_2^{*2} = -8,$$

$$\underline{c}_1^2 = 4, \quad \underline{c}_2^2 = 3,$$

$$\underline{D}_{p1}^1 = \begin{pmatrix} 1 \\ -1 \\ 2 \end{pmatrix}, \quad \underline{D}_{p2}^1 = \begin{pmatrix} 1 \\ 1 \\ 1 \end{pmatrix} \qquad \text{(A 8)}$$

und für die Inverse $\underline{\tilde{D}}^*$ der optimalen Basismatrix von (A 7) (vgl. (2.63))

$$\underline{\tilde{D}}^* = \begin{pmatrix} & & 1/2 & & & \\ & 1 & 1/2 & & & \\ & & 1/2 & 1 & & \\ & & 2 & & 1 & \\ & & 2 & & & 1 \end{pmatrix},$$

$$\underline{\tilde{D}}^*_{10} = (0 \quad 1/2), \quad \underline{\tilde{D}}^*_{11} = (0 \quad 0 \quad 0),$$

$$\underline{\tilde{D}}^*_{20} = \begin{pmatrix} 1 & 1/2 \\ & 1/2 \\ & 2 \\ & 2 \end{pmatrix}, \quad \underline{\tilde{D}}^*_{21} = \begin{pmatrix} 0 & & \\ 1 & & \\ 0 & 1 & \\ 0 & & 1 \end{pmatrix}. \tag{A 9}$$

Zur Prüfung der Optimalität erhält man hiermit nach (2.67) (da A^1_{p2} nicht existiert, ist nur die zweite Ungleichung zu überprüfen)

$$\begin{pmatrix} 1 & 0 & 0 \\ 0 & 0 & 1 \end{pmatrix} \left(\begin{pmatrix} -1 & -2 \\ 0 & 0 \\ 0 & -1 \end{pmatrix} \begin{pmatrix} 7 \\ -4 \end{pmatrix} + \begin{pmatrix} -1 & -2 & -1 \\ 0 & 0 & 1 \\ 0 & -1 & -1 \end{pmatrix} \right.$$

$$\left. \begin{pmatrix} 0 \\ 0 \\ 0 \end{pmatrix} \quad 7 \right) = \begin{pmatrix} 1 \\ 4 \end{pmatrix} \geq \underline{o}.$$

Es wird also zur 'obersten Ebene' übergegangen. Zur Definition des Programms der 'obersten Ebene' ergibt sich aus (A 4), (A 5), (A 8) und (A 9) nach (2.71)

$$\underline{B}'^{o} = \left(- \begin{pmatrix} -1 \\ -2 \end{pmatrix} + \begin{pmatrix} -1 & -2 \\ -1 & 1 \end{pmatrix} \begin{pmatrix} -1 & 0 & 0 \\ -2 & 0 & -1 \end{pmatrix} \right.$$

$$\left. \begin{pmatrix} 1 \\ -1 \\ 2 \end{pmatrix} \right) (0 \quad 1/2) = \begin{pmatrix} 0 & 5 \\ 0 & -1/2 \end{pmatrix},$$

$$\underline{c}'^{o} = -\begin{pmatrix} 0 \\ 1/2 \end{pmatrix} \left(4 - (1\ -1\ \ 2)\begin{pmatrix} -1 & -2 \\ 0 & 0 \\ 0 & -1 \end{pmatrix}\right.$$

$$\left.\begin{pmatrix} 1 \\ 2 \end{pmatrix}\right) = \begin{pmatrix} 0 \\ -13/2 \end{pmatrix},$$

$$\underline{B}'^{1} = -\begin{pmatrix} -1 & -2 \\ -1 & 1 \end{pmatrix}\begin{pmatrix} -1 & 0 & 0 \\ -2 & 0 & -1 \end{pmatrix} + \left(-\begin{pmatrix} -1 \\ -2 \end{pmatrix} +\right.$$

$$\left.\begin{pmatrix} -1 & -2 \\ -1 & 1 \end{pmatrix}\begin{pmatrix} -1 & 0 & 0 \\ -2 & 0 & -1 \end{pmatrix}\begin{pmatrix} 1 \\ -1 \\ 2 \end{pmatrix}\right)$$

$$(0\ \ 0\ \ 0)\begin{pmatrix} -1 & 0 & 0 \\ -2 & 0 & -1 \\ -1 & 1 & -1 \end{pmatrix} = \begin{pmatrix} -5 & 0 & -2 \\ 1 & 0 & 1 \end{pmatrix},$$

$$\underline{c}'^{1} = -\begin{pmatrix} -1 & -2 \\ 0 & 0 \\ 0 & -1 \end{pmatrix}\begin{pmatrix} 1 \\ 2 \end{pmatrix} - \begin{pmatrix} -1 & -2 & -1 \\ 0 & 0 & 1 \\ 0 & -1 & -1 \end{pmatrix}$$

$$\begin{pmatrix} 0 \\ 0 \\ 0 \end{pmatrix}\left(4 - (1\ -\ 1\ \ 2)\begin{pmatrix} -1 & -2 \\ 0 & 0 \\ 0 & -1 \end{pmatrix}\right.$$

$$\left.\begin{pmatrix} 1 \\ 2 \end{pmatrix}\right) = \begin{pmatrix} 5 \\ 0 \\ 2 \end{pmatrix} \qquad \text{(A 10)}$$

und aus (2.73)

$$\underline{b}''^{2}_{p} = \begin{pmatrix} 0 & 5 \\ 0 & -1/2 \end{pmatrix}\begin{pmatrix} 1 \\ 1 \end{pmatrix} +$$

$$\begin{pmatrix} -5 & 0 & -2 \\ 1 & 0 & 1 \end{pmatrix}\begin{pmatrix} -1 \\ 1 \\ 1 \end{pmatrix} + \begin{pmatrix} -1 \\ 1 \end{pmatrix} = \begin{pmatrix} 7 \\ 1/2 \end{pmatrix},$$

$$z''_{p} = -(1\ \ 1)\begin{pmatrix} 0 \\ -13/2 \end{pmatrix} - (-1\ \ 1\ \ 1)$$

$$\begin{pmatrix} 5 \\ 0 \\ 2 \end{pmatrix} = 19/2,$$

$$\underline{B}''^{o} = \begin{pmatrix} -2 \\ 1 \end{pmatrix}, \; c^{o} = 0,$$

$$\underline{B}''^{1} = \begin{pmatrix} -5 & 0 & -2 \\ 1 & 0 & 1 \end{pmatrix} \begin{pmatrix} -1 & 0 \\ 1 & -1 \\ 2 & -1 \end{pmatrix} + \begin{pmatrix} -1 & -2 \\ -1 & 1 \end{pmatrix} = \begin{pmatrix} 0 & 0 \\ 0 & 0 \end{pmatrix},$$

$$\underline{c}''^{1} = \begin{pmatrix} -1 & 1 & 2 \\ 0 & -1 & -1 \end{pmatrix} \begin{pmatrix} 5 \\ 0 \\ 2 \end{pmatrix} + \begin{pmatrix} 1 \\ 2 \end{pmatrix} = \begin{pmatrix} 0 \\ 0 \end{pmatrix},$$

$$\underline{A}_p''^{2} = \begin{pmatrix} 0 & 5 \\ 0 & -1/2 \end{pmatrix} \begin{pmatrix} -1 & 1 \\ 2 & 1 \end{pmatrix} + \begin{pmatrix} -5 & 0 & -2 \\ 1 & 0 & 1 \end{pmatrix}$$

$$\begin{pmatrix} 1 & 1 \\ -1 & 1 \\ 2 & 1 \end{pmatrix} + \begin{pmatrix} -1 & 1 \\ -2 & 1 \end{pmatrix} = \begin{pmatrix} 0 & -1 \\ 0 & 5/2 \end{pmatrix},$$

$$\underline{c}_p''^{2} = \begin{pmatrix} -1 & 2 \\ 1 & 1 \end{pmatrix} \begin{pmatrix} 0 \\ -13/2 \end{pmatrix} + \begin{pmatrix} 1 & -1 & 2 \\ 1 & 1 & 1 \end{pmatrix}$$

$$\begin{pmatrix} 5 \\ 0 \\ 2 \end{pmatrix} + \begin{pmatrix} 4 \\ 3 \end{pmatrix} = \begin{pmatrix} 0 \\ 7/2 \end{pmatrix}. \qquad \text{(A 11)}$$

Das Programm (2.74) der 'obersten Ebene' lautet somit nach (A 10) und (A 11),

minimiere

$$Z = 7y_1^2 + 1/2y_2^2 + 19/2$$

unter den Nebenbedingungen (A 12)

$$\begin{aligned} 5y_1^2 - 1/2y_2^2 &\geq -13/2 \\ -5y_1^2 + y_2^2 &\geq 5 \\ -2y_1^2 + y_2^2 &\geq 2 \\ -2y_1^2 + y_2^2 &\geq 0 \\ -y_1^2 + 5/2y_2^2 &\geq 7/2 \\ y_1^2, y_2^2 &\geq 0. \end{aligned}$$

-10	1	1					13
5	-1*		1				-5
2	-1			1			-2
2	-1				1		0
2	-5					1	-7
7	1/2						-19/2

-5		1	1				8
-5	1		-1				5
-3			-1	1			3
-3			-1		1		5
-23			-5			1	18
19/2			1/2				-12

$$\Rightarrow \underline{\tilde{\tilde{y}}}^2 = \begin{pmatrix} 0 \\ 5 \end{pmatrix}, \quad \tilde{Z} = 12.$$

Da $\tilde{Z} - \tilde{z} = 12 - 5 = 7 > 0$, ist die duale Schleife zu durchlaufen.

<u>Die duale Schleife des ersten Iterationsschritts</u>

Nach (2.75) gilt

$$\underline{\tilde{\tilde{c}}}^1 = \begin{pmatrix} 1 \\ 2 \end{pmatrix} - \begin{pmatrix} -1 & -1 \\ -2 & 1 \end{pmatrix} \begin{pmatrix} 0 \\ 5 \end{pmatrix} = \begin{pmatrix} 6 \\ -3 \end{pmatrix},$$

$$\underline{\tilde{b}}^1 = \begin{pmatrix} -1 \\ 1 \\ 1 \end{pmatrix} - \begin{pmatrix} 1 & 1 \\ -1 & 1 \\ 2 & 1 \end{pmatrix} \begin{pmatrix} 0 \\ 0 \end{pmatrix} = \begin{pmatrix} -1 \\ 1 \\ 1 \end{pmatrix},$$

$$\underline{\tilde{b}}^2 = \begin{pmatrix} -1 \\ 1 \end{pmatrix} - \begin{pmatrix} -1 & 1 \\ -2 & 1 \end{pmatrix} \begin{pmatrix} 0 \\ 0 \end{pmatrix} = \begin{pmatrix} -1 \\ 1 \end{pmatrix}.$$

Auf der 'untersten Ebene' erhält man nach (2.76) das lineare Programm,

minimiere

$$Z = -y_1^1 + y_2^1 + y_3^1$$

unter den Nebenbedingungen (A 13)

$$\begin{aligned} y_1^1 - y_2^1 - 2y_3^1 + s_{d1}^1 \qquad &= -6 \\ y_2^1 + y_3^1 \qquad + s_{d2}^1 &= 3 \\ y_1^1, y_2^1, y_3^1, s_{d1}^1, s_{d2}^1 &\geq 0. \end{aligned}$$

1*	-1	-2	1		-6
0	1	1		1	3
-1	1	1			
1	-1	-2	1		-6
	1	1*	0	1	3
	0	-1	1		-6
1	1		1	2	0
	1	1	0	1	3
	1		1	1	-3

Aus dem optimalen Tableau von (A 13) erhält man nach (2.77)

$$\underline{A}_{d1}^{1T} = \begin{pmatrix} -1 & 2 \\ 0 & -1 \end{pmatrix}, \quad \underline{A}_{d2}^{1T} = \begin{pmatrix} 1 \\ -1 \end{pmatrix},$$

$$\underline{D}_{d1}^{1T} = \begin{pmatrix} 1 & 2 \\ 1 & 1 \end{pmatrix}, \quad \underline{D}_{d2}^{1T} = \begin{pmatrix} -1 \\ 1 \end{pmatrix},$$

$$\tilde{\underline{b}}_1^1 = \underline{b}_1^1 = \begin{pmatrix} -1 \\ 1 \end{pmatrix}, \quad \tilde{\underline{b}}_2^1 = \underline{b}_2^1 = 1,$$

$$\underline{I}_{d1}^1 \text{ existiert nicht}, \quad \underline{I}_{d2}^1 = \begin{pmatrix} 1 & 0 \\ 0 & 1 \end{pmatrix} \qquad \text{(A 14)}$$

und nach (2.78) für die optimale inverse Basismatrix $\tilde{\underline{A}}_d^1$ von (A 13)

$$\tilde{\underline{A}}_d^1 = \tilde{\underline{A}}_{d1}^1 = \begin{pmatrix} 1 & 2 \\ 0 & 1 \end{pmatrix}, \ \tilde{\underline{A}}_{d2}^1 \text{ existiert nicht.} \tag{A 15}$$

Für das Programm der 'mittleren Ebene' ergibt sich nach (2.81)

$$\underline{B}^{*oT} = (-2 \quad 1), \ c^o = 0,$$

$$\underline{B}^{*1T} = \begin{pmatrix} 1 & 2 \\ 0 & 1 \end{pmatrix} \begin{pmatrix} -1 & -1 \\ -2 & 1 \end{pmatrix} = \begin{pmatrix} -5 & 1 \\ -2 & 1 \end{pmatrix},$$

$$\underline{c}^{*1} = \begin{pmatrix} 1 & 2 \\ 0 & 1 \end{pmatrix} \begin{pmatrix} 1 \\ 2 \end{pmatrix} = \begin{pmatrix} 5 \\ 2 \end{pmatrix},$$

$$\underline{b}^{*2} = \begin{pmatrix} -1 \\ 1 \end{pmatrix} + \begin{pmatrix} -1 & -2 \\ -1 & 1 \end{pmatrix} \begin{pmatrix} 1 & 0 \\ 2 & 1 \end{pmatrix} \begin{pmatrix} -1 \\ 1 \end{pmatrix} = \begin{pmatrix} 2 \\ 1 \end{pmatrix},$$

$$Z^* = -(-1 \quad 1) \begin{pmatrix} 1 & 2 \\ 0 & 1 \end{pmatrix} \begin{pmatrix} 1 \\ 2 \end{pmatrix} = 3. \tag{A 16}$$

Das Programm (2.82) der 'mittleren Ebene' lautet, minimiere

$$Z = 2y_1^2 + y_2^2 + 3$$

unter den Nebenbedingungen (A 17)

$$\begin{aligned} 2y_1^2 - y_2^2 + s_{d1}^{*o} \qquad\qquad &= 0 \\ 5y_1^2 - y_2^2 \qquad + s_{d1}^{*1} \qquad &= -5 \\ 2y_1^2 - y_2^2 \qquad\qquad + s_{d2}^{*1} &= -2 \\ y_1^2, y_2^2, s_{d1}^{*o}, s_{d1}^{*1}, s_{d2}^{*1} &\geq 0. \end{aligned}$$

$$
\begin{array}{rrrrrr}
2 & -1 & 1 & & & 0 \\
5 & -1^{*} & & 1 & & -5 \\
2 & -1 & & & 1 & -2 \\
2 & 1 & & & & -3 \\
 & & & & & \\
-3 & & 1 & -1 & & 5 \\
-5 & 1 & & -1 & & 5 \\
-3 & & & -1 & 1 & 3 \\
7 & & & 1 & & -8
\end{array}
$$

Aus dem optimalen Tableau von (A 17) erhält man nach (2.85)

$$\underline{A}_{d1}^{2T} = \begin{pmatrix} -2 \\ 1 \end{pmatrix}, \quad \underline{A}_{d2}^{2T} = \begin{pmatrix} -1 \\ 1 \end{pmatrix},$$

$$\underline{b}_1^{*2} = 1, \quad \underline{b}_2^{*2} = 2, \quad \underline{b}_1^{2} = 1, \quad \underline{b}_2^{2} = -1,$$

$$\underline{B}_{d1}^{1T} = \begin{pmatrix} -1 \\ 1 \end{pmatrix}, \quad \underline{B}_{d2}^{1T} = \begin{pmatrix} -1 \\ -2 \end{pmatrix} \qquad \text{(A 18)}$$

und für die optimale inverse Basismatrix $\tilde{\underline{B}}^{*}$ von (A 17)

$$\tilde{\underline{B}}^{*} = \begin{pmatrix} & -1 & \\ 1 & -1 & \\ & -1 & 1 \end{pmatrix},$$

$$\tilde{\underline{B}}_{10}^{*} = 0, \quad \tilde{\underline{B}}_{11}^{*} = (-1 \quad 0),$$

$$\tilde{\underline{B}}_{20}^{*} = \begin{pmatrix} 1 \\ 0 \end{pmatrix}, \quad \tilde{\underline{B}}_{21}^{*} = \begin{pmatrix} -1 & 0 \\ -1 & 1 \end{pmatrix}. \qquad \text{(A 19)}$$

Hiermit erhält man zur Prüfung der Optimalität nach (2.87)

$$(1 \quad -1)\,(-\begin{pmatrix}1 & 0\\ 2 & 1\end{pmatrix}\begin{pmatrix}-1\\ 1\end{pmatrix} - \begin{pmatrix}1 & 0\\ 2 & 1\end{pmatrix}$$

$$\begin{pmatrix}-1\\ 0\end{pmatrix} 1) - 1 = -2 \leq 0,$$

$$\begin{pmatrix}1 & 0\\ 0 & 1\end{pmatrix}(-\begin{pmatrix}1 & 0\\ 2 & 1\end{pmatrix}\begin{pmatrix}-1\\ 1\end{pmatrix} - \begin{pmatrix}1 & 0\\ 2 & 1\end{pmatrix}$$

$$\begin{pmatrix}-1\\ 0\end{pmatrix} 1) = \begin{pmatrix}2\\ 3\end{pmatrix} \geq \underline{o}.$$

Es muß also zur 'obersten Ebene' übergegangen werden. Für das Programm der obersten Ebene erhält man nach (2.90) aus (A 14), (A 15), (A 18) und (A 19)

$$\underline{D}'^{0} = -0\,((-2 \quad 1) + (-1 \quad 1)\begin{pmatrix}1 & 0\\ 2 & 1\end{pmatrix}$$

$$\begin{pmatrix}1 & 1\\ 2 & 1\end{pmatrix}) = \underline{o}^{T},$$

$$\underline{b}'^{0} = -0\,(1 + (-1 \quad 1)\begin{pmatrix}1 & 0\\ 2 & 1\end{pmatrix}\begin{pmatrix}-1\\ 1\end{pmatrix}) = 0,$$

$$\underline{D}'^{1} = -\begin{pmatrix}1 & 0\\ 2 & 1\end{pmatrix}\begin{pmatrix}1 & 1\\ 2 & 1\end{pmatrix} - \begin{pmatrix}1 & 0\\ 2 & 1\end{pmatrix}\begin{pmatrix}-1\\ 0\end{pmatrix}$$

$$((-2 \quad 1) + (-1 \quad 1)\begin{pmatrix}1 & 0\\ 2 & 1\end{pmatrix}\begin{pmatrix}1 & 1\\ 2 & 1\end{pmatrix})$$

$$= \begin{pmatrix}0 & 2\\ -2 & 3\end{pmatrix},$$

$$\underline{b}'^{1} = -\begin{pmatrix}1 & 0\\ 2 & 1\end{pmatrix}\begin{pmatrix}-1\\ 1\end{pmatrix} - \begin{pmatrix}1 & 0\\ 2 & 1\end{pmatrix}\begin{pmatrix}-1\\ 0\end{pmatrix}$$

$$(1 + (-1 \quad 1)\begin{pmatrix}1 & 0\\ 2 & 1\end{pmatrix}\begin{pmatrix}-1\\ 1\end{pmatrix}) = \begin{pmatrix}2\\ 3\end{pmatrix} \qquad \text{(A 20)}$$

und nach (2.92)

$$\underline{c}_d''^2 = -\underline{o}\cdot 0 - \begin{pmatrix} 0 & -2 \\ 2 & 3 \end{pmatrix}\begin{pmatrix} 1 \\ 2 \end{pmatrix} + \begin{pmatrix} 4 \\ 3 \end{pmatrix} = \begin{pmatrix} 8 \\ -5 \end{pmatrix},$$

$$z_d'' = 0 \cdot 0 + (1 \quad 2)\begin{pmatrix} 2 \\ 3 \end{pmatrix} = 8,$$

$$\underline{D}''^0 = \begin{pmatrix} -1 & 1 \\ 2 & 1 \end{pmatrix}, \quad \underline{b}''^0 = \begin{pmatrix} 1 \\ 1 \end{pmatrix},$$

$$\underline{D}''^1 = -\begin{pmatrix} -1 & 0 \\ 1 & -1 \\ 2 & -1 \end{pmatrix}\begin{pmatrix} 0 & 2 \\ -2 & 3 \end{pmatrix} + \begin{pmatrix} 1 & 1 \\ -1 & 1 \\ 2 & 1 \end{pmatrix} = \begin{pmatrix} 1 & 3 \\ -3 & 2 \\ 0 & 0 \end{pmatrix},$$

$$\underline{b}''^1 = -\begin{pmatrix} -1 & 0 \\ 1 & -1 \\ 2 & -1 \end{pmatrix}\begin{pmatrix} 2 \\ 3 \end{pmatrix} + \begin{pmatrix} -1 \\ 1 \\ 1 \end{pmatrix} = \begin{pmatrix} 1 \\ 2 \\ 0 \end{pmatrix},$$

$$\underline{A}_d''^2 = -\begin{pmatrix} -2 \\ 1 \end{pmatrix}\underline{o}^T - \begin{pmatrix} -1 & -2 \\ -1 & 1 \end{pmatrix}\begin{pmatrix} 0 & 2 \\ -2 & 3 \end{pmatrix} + \begin{pmatrix} -1 & 1 \\ -2 & 1 \end{pmatrix} = \begin{pmatrix} -5 & 9 \\ 0 & 0 \end{pmatrix},$$

$$\underline{b}_d''^2 = -\begin{pmatrix} -2 \\ 1 \end{pmatrix} 0 - \begin{pmatrix} -1 & -2 \\ -1 & 1 \end{pmatrix}\begin{pmatrix} 2 \\ 3 \end{pmatrix} + \begin{pmatrix} -1 \\ 1 \end{pmatrix} = \begin{pmatrix} 7 \\ 0 \end{pmatrix}. \qquad \text{(A 21)}$$

Aus (A 20) und (A 21) ergibt sich das Programm (2.93) der 'obersten Ebene',

maximiere

$$z = 8x_1^2 - 5x_2^2 + 8$$

unter den Nebenbedingungen (A 22)

$$
\begin{aligned}
2x_2^2 &\leq 2 \\
-2x_1^2 + 3x_2^2 &\leq 3 \\
-x_1^2 + x_2^2 &\leq 1 \\
2x_1^2 + x_2^2 &\leq 1 \\
x_1^2 + 3x_2^2 &\leq 1 \\
-3x_1^2 + 2x_2^2 &\leq 2 \\
-5x_1^2 + 9x_2^2 &\leq 7 \\
x_1^2, x_2^2 &\geq 0.
\end{aligned}
$$

0	2	1							2
-2	3		1						3
-1	1			1					1
2*	1				1				1
1	3					1			1
-3	2						1		2
-5	9							1	7
-8	5								8

	2	1			0				2
	4		1		1				4
	3/2			1	1/2				3/2
1	1/2				1/2				1/2
	5/2				-1/2	1			1/2
	7/2				3/2		1		7/2
	23/2				5/2			1	19/2
	9				4				12

$$\Rightarrow \underline{\tilde{\tilde{x}}}^2 = \begin{pmatrix} 1/2 \\ 0 \end{pmatrix}, \quad \tilde{\tilde{z}} = 12.$$

Da $\tilde{Z} - \tilde{\tilde{z}} = 0$, ist die optimale Lösung erreicht. Nach (2.91) berechnet sich aus $\underline{\tilde{\tilde{x}}}^2$ und (A 20)

$$\underline{\tilde{\tilde{x}}}^{o} = -\underline{o}^{T}\begin{pmatrix}1/2\\0\end{pmatrix} + 0 = 0,$$

$$\underline{\tilde{\tilde{x}}}^{1} = -\begin{pmatrix}0 & 2\\-2 & 3\end{pmatrix}\begin{pmatrix}1/2\\0\end{pmatrix} + \begin{pmatrix}2\\3\end{pmatrix} = \begin{pmatrix}2\\4\end{pmatrix}$$

und nach (2.72) aus $\underline{\tilde{\tilde{y}}}^{2}$ und (A 10)

$$\underline{\tilde{\tilde{y}}}^{o} = \begin{pmatrix}0 & 0\\5 & -1/2\end{pmatrix}\begin{pmatrix}0\\5\end{pmatrix} - \begin{pmatrix}0\\-13/2\end{pmatrix} = \begin{pmatrix}0\\4\end{pmatrix},$$

$$\underline{\tilde{\tilde{y}}}^{1} = \begin{pmatrix}-5 & 1\\0 & 0\\-2 & 1\end{pmatrix}\begin{pmatrix}0\\5\end{pmatrix} - \begin{pmatrix}5\\0\\2\end{pmatrix} = \begin{pmatrix}0\\0\\3\end{pmatrix}.$$

Die Probleme (A 1) und (A 2) sind damit vollständig gelöst. Die Lösung des Programms (A 1), das fünf Variablen und sieben Nebenbedingungen enthält, ist damit auf die Lösung von mehreren Teilprogrammen, die entweder nur zwei Variablen oder nur zwei Nebenbedingungen enthalten, zurückgeführt.

Anhang II

Ziel der folgenden Überlegungen ist es, mit Hilfe von zwei Teilprogrammen eine zulässige Basislösung

$$\tilde{\underline{x}}^1, \tilde{\underline{x}}^2, \underline{s} \qquad \text{(A 23)}$$

und die dazu gehörende duale Lösung $\tilde{\underline{y}}$ des folgenden linearen Programms,

maximiere

$$z = \underline{c}^{1T}\underline{x}^1 + \underline{c}^{2T}\underline{x}^2$$

unter den Nebenbedingungen (A 24)

$$\underline{\underline{A}}\underline{x}^1 + \underline{\underline{B}}\underline{x}^2 + \underline{\underline{I}}\underline{s} = \underline{b}$$

$$\underline{x}^1, \underline{x}^2, \underline{s} \geq \underline{o},$$

mit $\underline{A}$ eine $(m \times n_1)$- und $\underline{B}$ eine $(m \times n_2)$-Matrix, $\underline{I}$ eine $(m \times m)$-Einheitsmatrix, $\underline{c}^1, \underline{x}^1 \varepsilon ℝ^{n_1}$, $\underline{c}^2, \underline{x}^2 \varepsilon ℝ^{n_2}$ und $\underline{b}, \underline{s} \; \varepsilon \; ℝ^m$ zu bestimmen. Es wird vorausgesetzt, daß (A 24) eine optimale Lösung besitzt. Ferner sei ein $\bar{\underline{x}}^2 \; \varepsilon \; ℝ^{n_2}$ gegeben, so daß das folgende lineare Teilprogramm,

maximiere

$$z = \underline{c}^{1T}\underline{x}^1$$

unter den Nebenbedingungen (A 25)

$$\underline{\underline{A}}\underline{x} + \underline{\underline{I}}\underline{s} = \underline{b} - \underline{\underline{B}}\bar{\underline{x}}^2$$

$$\underline{x}^1, \underline{s} \geq \underline{o},$$

eine optimale Lösung besitzt.

Zur Definition eines zweiten Teilprogramms (Hauptprogramms) bezeichne $\tilde{\underline{A}}$ die Inverse der optimalen Basismatrix von (A 25). Weiter werden entsprechend den Basis- und Nichtbasisvariablen wie im Abschnitt 1.2.1.1 $\underline{A},\underline{I},\underline{c}^1,\underline{x}^1,\underline{s}$ in

$$\underline{A}_1,\underline{I}_1,\underline{c}_1^1,\underline{x}_1^1,\underline{s}_1$$

und (A 26)

$$\underline{A}_2,\underline{I}_2,\underline{c}_2^1,\underline{x}_2^1,\underline{s}_2$$

und $\tilde{\underline{A}}$ in

$$\tilde{\underline{A}} = \begin{pmatrix} \tilde{\underline{A}}_1 \\ \tilde{\underline{A}}_2 \end{pmatrix} \qquad \text{(A 27)}$$

mit Zeilenzahl von $\tilde{\underline{A}}_1$ gleich Zeilenzahl von $\underline{x}_1^1$ zerlegt. Durch die Substitution von

$$\begin{aligned} \underline{x}_1^1 &= \tilde{\underline{A}}_1\underline{b} - \tilde{\underline{A}}_1\underline{B}\underline{x}^2 \\ \underline{s}_1 &= \tilde{\underline{A}}_2\underline{b} - \tilde{\underline{A}}_2\underline{B}\underline{x}^2 \\ \underline{x}_2^1 &= \underline{o},\ \underline{s}_2 = \underline{o} \end{aligned} \qquad \text{(A 28)}$$

in (A 24) erhält man mit den Bezeichnungen

$$\begin{aligned} \underline{B}'' &:= \tilde{\underline{A}}\underline{B},\ \underline{b}'' := \tilde{\underline{A}}\underline{b} \\ \underline{c}''^2 &:= \underline{c}^2 - (\tilde{\underline{A}}_1\underline{B})^T\underline{c}_1^1 \\ z'' &:= \underline{c}_1^{1T}\tilde{\underline{A}}_1\underline{b} \end{aligned} \qquad \text{(A 29)}$$

und den Schlupfvariablen $\underline{w} \in \mathbb{R}^m$ das folgende lineare Programm,

maximiere

$$z = \underline{c}''^{2T}\underline{x}^2 + z''$$

unter den Nebenbedingungen (A 30)

$$\underline{B}''\underline{x}^2 + \underline{I}\underline{w} = \underline{b}''$$
$$\underline{x}^2, \underline{w} \geq \underline{o}.$$

Da nach Voraussetzung (A 24) eine optimale Lösung besitzt, hat auch das Teilprogramm (A 30) eine optimale Lösung. Ist $\tilde{\underline{B}}''$ die Inverse der optimalen Basismatrix von (A 30) und zerlegt man $\underline{c}''^2, \underline{x}^2$ entsprechend den Basis- und Nichtbasisvariablen in

$$\underline{c}_1''^2, \underline{x}_1^2 \text{ und } \underline{c}_2''^2, \underline{x}_2^2 \tag{A 31}$$

und $\tilde{\underline{B}}''$ in

$$\tilde{\underline{B}}'' = \begin{pmatrix} \tilde{\underline{B}}_1'' \\ \tilde{\underline{B}}_2'' \end{pmatrix} \tag{A 32}$$

mit Zeilenzahl von $\tilde{\underline{B}}_1''$ gleich Zeilenzahl von $\underline{x}_1^2$, so gilt für den optimalen Lösungsvektor $\tilde{\underline{x}}^2$ von (A 30)

$$\tilde{\underline{x}}_1^2 = \tilde{\underline{B}}_1''\underline{b}'', \quad \tilde{\underline{x}}_2^2 = \underline{o}. \tag{A 33}$$

Setzt man (A 33) in (A 28) ein, so erhält man offenbar eine zulässige Lösung (A 23) von (A 24).

Es soll nun gezeigt werden, daß (A 23) eine Basislösung von (A 24) ist. Hierzu wird nachgewiesen, daß man die Lösung (A 23) auch erhält, indem man das Gleichungssystem von (A 24)

$$\underline{A}\underline{x}^1 + \underline{B}\underline{x}^2 + \underline{I}\underline{s} = \underline{b} \tag{A 34}$$

nacheinander von links mit den inversen Basismatrizen $\tilde{\underline{A}}$ und $\tilde{\underline{B}}''$ multipliziert. Die Multiplikation von

(A 34) mit $\tilde{\underline{A}}$ führt mit den Bezeichnungen (A 29) nach Vertauschung von Spalten zu dem Gleichungssystem

$$\tilde{\underline{A}}\underline{A}_2\underline{x}_2^1 + \tilde{\underline{A}}\underline{I}_2\underline{s}_2 + \underline{B}''\underline{x}^2 +$$

$$\underline{I}(\underline{x}_1^{1T}, \underline{s}_1^T)^T = \underline{b}''. \qquad \text{(A 35)}$$

Aus (A 35) erhält man die Gleichungen der Nebenbedingungen von (A 30), indem man $\underline{x}_2^1 = \underline{o}$ und $\underline{s}_2 = \underline{o}$ setzt und beachtet, daß wegen (A 28) und (A 29) für die Schlupfvariablen $\underline{w}$ von (A 30) die Beziehung

$$\underline{w}^T = (\underline{x}_1^{1T}, \underline{s}_1^T) \qquad \text{(A 36)}$$

gilt. Nach Multiplikation von (A 35) mit der Matrix $\tilde{\underline{B}}''$ erhält man wegen (A 36) die Lösung (A 23), die somit eine Basislösung darstellt.

Abschließend soll noch die zur Basislösung (A 23) gehörende duale Lösung $\tilde{\underline{y}}$ von (A 24) bestimmt werden. Nach der Dualitätstheorie sind

$$\tilde{\underline{A}}_1^T \underline{c}_1^1 \qquad \text{bzw.} \qquad \tilde{\underline{B}}_1''^T \underline{c}_1''^2$$

die zu den optimalen Basislösungen von (A 25) bzw. (A 30) gehörenden dualen Lösungen. Auf Grund der obigen Überlegungen ist damit die Lösung (A 23) auch eine Basislösung des folgenden aus (A 24) abgeleiteten Programms,

maximiere

$$z = (\underline{c}^1 - (\tilde{\underline{A}}_1\underline{A})^T\underline{c}_1^1)^T\underline{x}^1 + (\underline{c}^2 - (\tilde{\underline{A}}_1\underline{B})^T\underline{c}_1^1)^T\underline{x}^2 -$$

$$\underline{c}_1^{1T}\tilde{\underline{A}}_1\underline{s} + \underline{c}_1^{1T}\tilde{\underline{A}}_1\underline{b}$$

unter den Nebenbedingungen (A 37)

$$\tilde{\underline{A}}\underline{A}\underline{x}^1 + \tilde{\underline{A}}\underline{B}\underline{x}^2 + \tilde{\underline{A}}\underline{s} = \tilde{\underline{A}}\underline{b}$$

$$\underline{x}^1, \underline{x}^2, \underline{s} \geq \underline{o},$$

und darüber hinaus ist $\tilde{\underline{B}}_1''^{T}\underline{c}''^2$ die zu dieser Basislösung (A 23) gehörende duale Lösung von (A 37). Für die zur Lösung (A 23) gehörende duale Lösung $\tilde{\underline{y}}$ des Ausgangsprogramms (A 24) erhält man somit

$$\tilde{\underline{y}} = \tilde{\underline{A}}_1^T \underline{c}_1^1 + (\tilde{\underline{B}}_1'' \tilde{\underline{A}})^T \underline{c}_1''^2. \qquad \text{(A 38)}$$

Literaturverzeichnis

ABADIE, J.M., and A.C. WILLIAMS: Dual and Parametric Methods in Decomposition. In: R.L. GRAVES and P. WOLFE (eds.), Recent Advances in Mathematical Programming, p. 149 - 158. New York: McGraw-Hill 1963.

ABADIE, J., and M. SAKAROVITCH: Two Methods of Decomposition for Linear Programming. In: H.W. KUHN (ed.), Proceedings of the Princeton Symposium on Mathematical Programming, p. 1 - 23. Princeton (New Jersey): Princeton University Press 1970.

ADAM, D., und W. RÖHRS: Ein Algorithmus zur Dekomposition linearer Planungsprobleme. Zeitschrift für Betriebswirtschaft 37 (1967), 395 - 417.

BAKES, M.D.: Solution of Special Linear Programming Problems with Additional Constraints. Operational Research Quarterly 17 (1966), 425 - 445.

BALAS, E.: An Infeasibility-Pricing Decomposition Method for Linear Programs. Operations Research 14 (1966), 847-873.

BALINSKI, M.L.: Some General Methods in Integer Programming. In: J. ABADIE (ed.), Nonlinear Programming, p. 221 - 247. Amsterdam: North-Holland 1967.

BAUMOL, W.J., and T. FABIAN: Decomposition, Pricing for Decentralization and External Economies. Management Science 11 (1964/65), 1 - 32.

BEALE, E.M.L.: The Simplex Method Using Pseudo-basic Variables for Structured Linear Programming Problems. In: R.L. GRAVES and P. WOLFE (eds.), Recent Advances in Mathematical Programming, p. 133 - 148. New York: McGraw-Hill 1963.

BEALE, E.M.L.: Numerical Methods. In: J. ABADIE (ed.), Nonlinear Programming, p. 133 - 205. Amsterdam: North-Holland 1967.

BELL, E.J.: Primal-Dual Decomposition Programming. In: Pre-Prints of the Proceedings of the Fourth International Conference on Operational Research, p. 1-1 - 1-29, Boston: International Federation of Operational Research Societies 1966.

BELLMAN, R.: On the Computational Solution of Linear Programming Problems Involving Almost-Block-Diagonal Matrices. Management Science 3 (1956/57), 403 - 406.

BENDERS, J.F.: Partitioning Procedures for Solving Mixed-Variables Programming Problems. Numerische Mathematik 4 (1962), 238 - 252.

BEN-ISRAEL, A., and P.D. ROBERS: A Decomposition Method for Interval Linear Programming. Management Science 16 (1969/70), 374 - 387.

BENNETT, J.M.: An Approach to Some Structured Linear Programming Problems. Operations Research 14 (1966), 636 - 645.

BENNETT, J.M., and D.R. GREEN: An Approach to Some Structured Linear Programming Problems. Operations Research 17 (1969), 749 - 750.

BESSIERE, F., and E.A. SAUTTER: Optimization and Suboptimization: The Method of Extended Models in the Non-Linear Case. Management Science 15 (1968/69), 1 - 11.

BRIOSCHI, F., and S. EVEN: Minimizing the Number of Operations in Certain Discrete-Variable Optimization Problems. Operations Research 18 (1970), 66 - 81.

BROISE, P., P. HUARD et J. SENTENAC: Décomposition des Programmes Mathématiques. Paris: Dunod 1968.

COBB, R.H., and J. CORD: Decomposition Approaches for Solving Linked Programs. In: H.W. KUHN (ed.), Proceedings of the Princeton Symposium on Mathematical Programming, p. 37 - 49. Princeton (New Jersey): Princeton University Press 1970.

DANSKIN, J.M.: Fictitious Play for Continuous Games. Naval Research Logistics Quarterly 1 (1954), 313 - 320.

DANTZIG, G.B.: Upper Bounds, Secondary Constraints, and Block Triangularity in Linear Programming. Econometrica 23 (1955), 174 - 183.

DANTZIG, G.B.: On the Status of Multistage Linear Programming Problems. Management Science 6 (1959/60), 53 - 72.

DANTZIG, G.B.: Compact Basis Triangularization for the Simplex Method. In: R.L. GRAVES and P. WOLFE (eds.), Recent Advances in Mathematical Programming, p. 125 - 132. New York: McGraw-Hill 1963.

DANTZIG, G.B.: Lineare Programmierung und Erweiterungen. Berlin: Springer 1966 (Originalausgabe: Princeton (New Jersey) 1963).

DANTZIG, G.B.: Large Scale Linear Programming. In: G.B. DANTZIG and A.F. VEINOTT (eds.), Mathematics of the Decision Sciences, Part I, p. 77 - 92. Providence (Rhode Island): American Mathematical Society 1968.

DANTZIG, G.B.: Large Scale Systems and the Computer Revolution. In: H.W. KUHN (ed.), Proceedings of the Princeton Symposium on Mathematical Programming, p. 51 - 72. Princeton (New Jersey): Princeton University Press 1970.

DANTZIG, G.B., and P. WOLFE: Decomposition Principle for Linear Programs. Operations Research 8 (1960), 101 - 111.

DANTZIG, G.B., and P. WOLFE: The Decomposition Algorithm for Linear Programs. Econometrica 29 (1961), 767 - 778.

DINKELBACH, W.: Sensitivitätsanalysen und parametrische Programmierung. Berlin: Springer 1969.

DINKELBACH, W., and P. HAGELSCHUER: On Multiparametric Linear Programming. In: R. HENN, H.P. KÜNZI und H. SCHUBERT (Hrsg.), Operations Research-Verfahren VI, S. 86 - 92. Meisenheim a. Glan: Hain 1969.

FORD, L.R., and D.R. FULKERSON: A Suggested Computation for Maximal Multi-Commodity Network Flows. Management Science 5 (1958/59), 97 - 101.

GASS, S.I.: The Dualplex Method for Large-Scale Linear Programs, Operations Research Center Report 66 - 15. Berkeley (California): University of California 1966.

GEOFFRION, A.M.: Elements of Large-Scale Mathematical Programming, Part I: Concepts. Management Science 16 (1969/70a), 652 - 675.

GEOFFRION, A.M.: Elements of Large-Scale Mathematical Programming, Part II: Synthesis of Algorithms and Bibliography. Management Science 16 (1969/70b), 676 - 691.

GEOFFRION, A.M.: Generalized Benders Decomposition, Western Management Science Institute Working Paper No. 159. Los Angeles: University of California 1970a.

GEOFFRION, A.M.: Primal Resource-Directive Approaches for Optimizing Nonlinear Decomposable Systems. Operations Research 18 (1970b), 375 - 403.

GILMORE, P.C., and R.E. GOMORY: A Linear Programming Approach to the Cutting-Stock Problem. Operations Research 9 (1961), 849 - 859.

GILMORE, P.C., and R.E. GOMORY: A Linear Programming Approach to the Cutting Stock Problem, Part II. Operations Research 11 (1963), 863 - 888.

GLASSEY, C.R.: An Algorithm for a Machine Loading Problem. The Journal of Industrial Engineering 18 (1967), 584 - 588.

GOMORY, R.E.: Large and Nonconvex Problems in Linear Programming. In: N.C. METROPOLIS, A.H. TAUB, J. TODD, and C.B. TOMPKINS (eds.), Proceedings of Symposia in Applied Mathematics 15, p. 125 - 139. Providence (Rhode Island): American Mathematical Society 1963.

GONCALVES, A.S.: Basic Feasible Solutions and the Dantzig-Wolfe Decomposition Algorithm. Operational Research Quarterly 19 (1968), 465 - 469.

GRAVES, R.L.: Decomposing Integer Programs, Center for Mathematical Studies in Business and Economics Report No. 6501. Chicago: University of Chicago 1965.

GRIGORIADIS, M.D., and K. RITTER: A Decomposition Method for Structured Linear and Nonlinear Programs. Journal of Computer and Systems Sciences 3 (1969), 335 - 360.

GRIGORIADIS, M.D., and W.F. WALKER: A Treatment of Transportation Problems by Primal Partition Programming. Management Science 14 (1967/68), 565 - 599.

GRINOLD, R.C.: Steepest Ascent for Large-Scale Linear Programs, Center for Research in Management Science Working Paper No. 282. Berkeley (California): University of California 1969.

GROSSE, L.: Lösung linearer Optimierungsaufgaben nach dem Dekompositionsverfahren von Dantzig-Wolfe. Mathematik und Wirtschaft 4 (1967), 96 - 100.

HADLEY, G.: Nichtlineare und dynamische Programmierung. Würzburg: Physica 1969 (Originalausgabe: Reading (Massachusetts) 1964).

HARVEY, R.P.: The Decomposition Principle for Linear Programs. International Journal of Computer Mathematics 1 (1964/65), 20 - 35.

HEESTERMAN, A.R.G.: Special Simplex Algorithm for Multi-Sector Problems. Numerische Mathematik 12 (1968), 288 - 306.

HEESTERMAN, A.R.G., and J. SANDEE: Special Simplex Algorithm for Linked Problems. Management Science 11 (1964/65), 420 - 428.

HEINEMANN, H.: Ein allgemeines Dekompositionsverfahren für lineare Optimierungsprobleme. Zeitschrift für betriebswirtschaftliche Forschung 22 (1970), 302 - 317.

HU, T.C.: A Decomposition Algorithm for Shortest Paths in a Network. Operations Research 16 (1968), 91 - 102.

JAEGER, A., und K. WENKE: Lineare Wirtschaftsalgebra. Stuttgart: Teubner 1969.

KARLIN, S.: Mathematical Methods and Theory in Games, Programming, and Economics, Vol. I: Matrix Games, Programming, and Mathematical Economics. Reading (Massachusetts): Addison-Wesley 1962.

KORNAI, J.: Multi-Level Programming - A First Report on the Model and on the Experimental Computations. European Economic Review 1 (1969), 134 - 191.

KORNAI, J., and T. LIPTÁK: Two-Level Planning. Econometrica 33 (1965), 141 - 169.

KORNAI, J., und T. LIPTÁK: Planung auf zwei Ebenen. In: W.S. NEMTSCHINOW, L.W. KANTOROWITSCH u.a., Die Anwendung der Mathematik bei ökonomischen Untersuchungen, S. 102 - 127. München: Oldenbourg 1968 (Originalausgabe: Moskau 1965).

KRONSJÖ, T.O.M.: Centralization and Decentralization of Decision Making. Revue Francaise d'Informatique et de Recherche Opérationnelle 2 (1968), No. 10, 73 - 113.

KRONSJÖ, T.O.M.: Decomposition of a Nonlinear Convex Separable Economic System in Primal and Dual Directions. In: R. FLETCHER (ed.), Optimization, p. 85 - 97. London: Academic Press 1969a.

KRONSJÖ, T.O.M.: Optimal Co-ordination of a Large Convex Economic System. Jahrbücher für Nationalökonomie und Statistik 183 (1969b), 378 - 400.

KRONSJÖ, T.O.M.: Zur Verallgemeinerung der doppelten Zerlegungsmethode. Mathematik und Wirtschaft 6 (1969c), 150 - 183.

KÜNZI, H.P., und S.T. TAN: Lineare Optimierung großer Systeme. Berlin: Springer 1966.

LAMBERSON, L.R., and R.R. HOCKING: Optimum Time Compression in Project Scheduling. Management Science 16 (1969/70), B-597 - B-606.

LASDON, L.S.: Optimization Theory for Large Systems. New York: Macmillan 1970.

LEMKE, C.E., and T.J. POWERS: A Dual Decomposition Principle, RPI Math. Report No. 48. Troy (New York): Rensselaer Polytechnic Institute 1961.

LIPTÁK, T.: Das allgemeine mathematische Modell der 'Zweiebenenplanung': Die Optimierung auf zwei Ebenen. In: J. KORNAI, Mathematische Methoden bei der Planung der ökonomischen Struktur, S. 454 - 471. Berlin: Die Wirtschaft 1967 (Originalausgabe: Budapest 1965).

METZ, C.K.C., R.N. HOWARD, and J.M. WILLIAMSON: Applying Benders' Partitioning Method to a Nonconvex Programming Problem. In: D.B. HERTZ and J. MELESE (eds.), Proceedings of the Fourth International Conference on Operational Research, p. 22 - 36. New York: Wiley-Interscience 1966.

MÜLLER-MERBACH, H.: Das Verfahren der direkten Dekomposition in der linearen Planungsrechnung. Ablauf- und Planungsforschung 6 (1965), 306 - 322.

NARAYANAMURTHY, S.G.: A Method for Piecewise Solution of a Structured Linear Program. Journal of Mathematical Analysis and Applications 10 (1965), 70 - 99.

NEMHAUSER, G.L.: Decomposition of Linear Programs by Dynamic Programming. Naval Research Logistics Quarterly 11 (1964), 191 - 195.

OHSE, D.: Numerische Erfahrungen mit zwei Dekompositionsverfahren der linearen Planungsrechnung. Ablauf- und Planungsforschung 8 (1967), 289 - 301.

PARIKA, S.C.: Linear Dynamic Decomposition Programming of Optimal Long-Range Operation of a Multiple Multipurpose Reservoir System. In: D.B. HERTZ and J. MELESE (eds.), Proceedings of the Fourth International Conference on Operational Research, p. 763 - 779. New York: Wiley-Interscience 1966.

PEARSON, J.D.: Decomposition, Coordination, and Multilevel Systems. IEEE Transactions on Systems Science and Cybernetics SSC-2 (1966a), 36 - 40.

PEARSON, J.D.: Duality and a Decomposition Technique. SIAM Journal on Control 4 (1966b), 164 - 172.

PIGOT, D.: Double Décomposition d'un Programme Linéaire. In: G. KREWERAS and G. MORLAT (eds.), Proceedings of the Third International Conference on Operational Research, p. 72 - 78. London: English Universities Press LTD. 1964.

RAO, M.R., and S. ZIONTS: Allocation of Transportation Units to Alternative Trips - A Column Generation Scheme with Out-of-Kilter Subproblems. Operations Research 16 (1968), 52 - 63.

RITTER, K.: A Decomposition Method for Linear Programming Problems with Coupling Constraints and Variables, Mathematics Research Center Technical Summary Report No. 739. Madison (Wisconsin): University of Wisconsin 1967a.

RITTER, K.: A Decomposition Method for Structured Quadratic Programming Problems. Journal of Computer and System Science 1 (1967b), 241 - 260.

ROBERTS, J.E.: A Method of Solving a Particular Type of Very Large Linear Programming Problem. CORS Journal 1 (1963), 50 - 59.

ROBINSON, J.: An Iterative Method of Solving a Game. Annals of Mathematics 54 (1951), 296 - 301.

ROSEN, J.B.: Convex Partition Programming. In: R.L. GRAVES and P. WOLFE (eds.), Recent Advances in Mathematical Programming, p. 159 - 176. New York: McGraw-Hill 1963.

ROSEN, J.B.: Primal Partition Programming for Block Diagonal Matrices. Numerische Mathematik 6 (1964), 250 - 260.

ROSEN, J.B., and J.C. ORNEA: Solution of Nonlinear Programming Problems by Partitioning. Management Science 10 (1963/64), 160 - 173.

ROSEN, J.B., and J.C. ORNEA: Solution of Nonlinear Programming Problems by Partitioning. In: G. KREWERAS and G. MORLAT (eds.), Proceedings of the Third International Conference on Operational Research, p. 79 - 92. London: English Universities Press LTD. 1964.

RUSSELL, E.: Lessons in Structuring Large LP Models. Industrial Engineering 2 (1970), No. 3, 12 - 18.

RUTENBERG, D.P.: Generalized Networks, Generalized Upper Bounding and Decomposition of the Convex Simplex Method. Management Science 16 (1969/70), 388 - 401.

SANDERS, J.L.: A Nonlinear Decomposition Principle. Operations Research 13 (1965), 266 - 271.

SCHWARTZ, L.E.: Large Step Gradient Methods for Decomposable Nonlinear Programming Problems. In: R. FLETCHER (ed.), Optimization, p. 99 - 114. London: Academic Press 1969.

SENGUPTA, J.K.: On the Active Approach of Stochastic Linear Programming. Metrika 15 (1970), 59 - 70.

SENGUPTA, J.K., and K.A. FOX: Economic Analysis and Operations Research: Optimization Techniques in Quantitative Economic Models. Amsterdam: North-Holland 1969.

STEWARD, D.V.: On an Approach to Techniques for the Analysis of the Structure of Large Systems of Equations. SIAM Review 4 (1962), 321 - 342.

TAKAHASHI, I.: Variable Separation Principle for Mathematical Programming. Journal of the Operations Research Society of Japan 6 (1963), 82 - 105.

TAN, S.T.: Beiträge zur Dekomposition von linearen Programmen, Teil I und Teil II. Unternehmensforschung 10 (1966), 168 - 189 und 247 - 268.

TOMLIN, J.A.: Minimum-Cost Multicommodity Network Flows. Operations Research 14 (1966),45 - 51.

VARAIYA, P.: Decomposition of Large-Scale Systems. SIAM Journal on Control 4 (1966), 173 - 178.

VOGEL, W.: Duale Optimierungsaufgaben und Sattelpunktsätze. Unternehmensforschung 13 (1969), 1 - 28.

WALKER, W.E.: A Method for Obtaining the Optimal Dual Solution to a Linear Program Using the Dantzig-Wolfe Decomposition. Operations Research 17 (1969), 368 - 370.

WEITZMAN, M.: Iterative Multilevel Planning with Production Targets. Econometrica 38 (1970), 50 - 65.

WENKE, K.: Praktische Anwendung linearer Wirtschaftsmodelle. Unternehmensforschung 8 (1964), 33 - 46.

WHINSTON, A.: A Dual Decomposition Algorithm for Quadratic Programming. Cahiers du Centre d'Etudes de Recherche Opérationnelle 6 (1964), 188 - 201.

WHINSTON, A.: A Decomposition Algorithm for Quadratic Programming. Cahiersdu Centre d'Etudes de Recherche Opérationnelle 8 (1966), 112 - 131.

WILLIAMS, A.C.: A Treatment of Transportation Problems by Decomposition. Journal of the Society for Industrial and Applied Mathematics 10 (1962), 35 - 48.

WONG, P.J.: A New Decomposition Procedure for Dynamic Programming. Operations Research 18 (1970), 119 - 131.

ZANGWILL, W.I.: Nonlinear Programming - A Unified Approach. Englewood Cliffs (New Jersey): Prentice-Hall 1969.

ZOUTENDIJK, G.: Methods of Feasible Directions. Amsterdam: Elsevier 1960.

Lecture Notes in Operations Research and Mathematical Systems

Vol. 1: H. Bühlmann, H. Loeffel, E. Nievergelt, Einführung in die Theorie und Praxis der Entscheidung bei Unsicherheit. 2. Auflage, IV, 125 Seiten 4°. 1969. DM 12,–

Vol. 2: U. N. Bhat, A Study of the Queueing Systems M/G/1 and GI/M/1. VIII, 78 pages. 4°. 1968. DM 8,80

Vol. 3: A. Strauss, An Introduction to Optimal Control Theory. VI, 153 pages. 4°. 1968. DM 14,–

Vol. 4: Einführung in die Methode Branch and Bound. Herausgegeben von F. Weinberg. VIII, 159 Seiten. 4°. 1968. DM 14,–

Vol. 5: L. Hyvärinen, Information Theory for Systems Engineers. VIII, 205 pages. 4°. 1968. DM 15,20

Vol. 6: H. P. Künzi, O. Müller, E. Nievergelt, Einführungskursus in die dynamische Programmierung. IV, 103 Seiten. 4°. 1968. DM 9,–

Vol. 7: W. Popp, Einführung in die Theorie der Lagerhaltung. VI, 173 Seiten. 4°. 1968. DM 14,80

Vol. 8: J. Teghem, J. Loris-Teghem, J. P. Lambotte, Modèles d'Attente M/G/1 et GI/M/1 à Arrivées et Services en Groupes. IV, 53 pages. 4°. 1969. DM 6,–

Vol. 9: E. Schultze, Einführung in die mathematischen Grundlagen der Informationstheorie. VI, 116 Seiten. 4°. 1969. DM 10,–

Vol. 10: D. Hochstädter, Stochastische Lagerhaltungsmodelle. VI, 269 Seiten. 4°. 1969. DM 18,–

Vol. 11/12: Mathematical Systems Theory and Economics. Edited by H. W. Kuhn and G. P. Szegö. VIII, IV, 486 pages. 4°. 1969. DM 34,–

Vol. 13: Heuristische Planungsmethoden. Herausgegeben von F. Weinberg und C. A. Zehnder. II, 93 Seiten. 4°. 1969. DM 8,–

Vol. 14: Computing Methods in Optimization Problems. Edited by A. V. Balakrishnan. V, 191 pages. 4°. 1969. DM 14,–

Vol. 15: Economic Models, Estimation and Risk Programming: Essays in Honor of Gerhard Tintner. Edited by K. A. Fox, G. V. L. Narasimham and J. K. Sengupta. VIII, 461 pages. 4°. 1969. DM 24,–

Vol. 16: H. P. Künzi und W. Oettli, Nichtlineare Optimierung: Neuere Verfahren, Bibliographie. IV, 180 Seiten. 4°. 1969. DM 12,–

Vol. 17: H. Bauer und K. Neumann, Berechnung optimaler Steuerungen, Maximumprinzip und dynamische Optimierung. VIII, 188 Seiten. 4°. 1969. DM 14,–

Vol. 18: M. Wolff, Optimale Instandhaltungspolitiken in einfachen Systemen. V, 143 Seiten. 4°. 1970. DM 12,–

Vol. 19: L. Hyvärinen, Mathematical Modeling for Industrial Processes. VI, 122 pages. 4°. 1970. DM 10,–

Vol. 20: G. Uebe, Optimale Fahrpläne. IX, 161 Seiten. 4°. 1970. DM 12,–

Vol. 21: Th. Liebling, Graphentheorie in Planungs- und Tourenproblemen am Beispiel des städtischen Straßendienstes. IX, 118 Seiten. 4°. 1970. DM 12,–

Vol. 22: W. Eichhorn, Theorie der homogenen Produktionsfunktion. VIII, 119 Seiten. 4°. 1970. DM 12,–

Vol. 23: A. Ghosal, Some Aspects of Queueing and Storage Systems. IV, 93 pages. 4°. 1970. DM 10,–

Vol. 24: Feichtinger, Lernprozesse in stochastischen Automaten. V, 66 Seiten. 4°. 1970. DM 6,–

Vol. 25: R. Henn und O. Opitz, Konsum- und Produktionstheorie I. II, 124 Seiten. 4°. 1970. DM 10,–

Vol. 26: D. Hochstädter und G. Uebe, Ökonometrische Methoden. XII, 250 Seiten. 4°. 1970. DM 18,–

Vol. 27: I. H. Mufti, Computational Methods in Optimal Control Problems. IV, 45 pages. 4°. 1970. DM 6,–

Vol. 28: Theoretical Approaches to Non-Numerical Problem Solving. Edited by R. B. Banerji and M. D. Mesarovic. VI, 466 pages. 4°. 1970. DM 24,–

Vol. 29: S. E. Elmaghraby, Some Network Models in Management Science. III, 177 pages. 4°. 1970. DM 16,–

Vol. 30: H. Noltemeier, Sensitivitätsanalyse bei diskreten linearen Optimierungsproblemen. VI, 102 Seiten. 4°. 1970. DM 10,–

Vol. 31: M. Kühlmeyer, Die nichtzentrale t-Verteilung. II, 106 Seiten. 4°. 1970. DM 10,–

Vol. 32: F. Bartholomes und G. Hotz, Homomorphismen und Reduktionen linearer Sprachen. XII, 143 Seiten. 4°. 1970. DM 14,–

Vol. 33: K. Hinderer, Foundations of Non-stationary Dynamic Programming with Discrete Time Parameter. VI, 160 pages. 4°. 1970. DM 16,–

Vol. 34: H. Störmer, Semi-Markoff-Prozesse mit endlich vielen Zuständen. Theorie und Anwendungen. VII, 128 Seiten. 4°. 1970. DM 12,–

Vol. 35: F. Ferschl, Markovketten. VI, 168 Seiten. 4°. 1970. DM 14,–

Vol. 36: M. P. J. Magill, On a General Economic Theory of Motion. VI, 95 pages. 4°. 1970. DM 10,–

Vol. 37: H. Müller-Merbach, On Round-Off Errors in Linear Programming. VI, 48 pages. 4°. 1970. DM 10,–

Vol. 38: Statistische Methoden I, herausgegeben von E. Walter. VIII, 338 Seiten. 4°. 1970. DM 22,–

Vol. 39: Statistische Methoden II, herausgegeben von E. Walter. IV, 155 Seiten. 4°. 1970. DM 14,–

Vol. 40: H. Drygas, The Coordinate-Free Approach to Gauss-Markov Estimation. VIII, 113 pages. 4°. 1970. DM 12,–

Vol. 41: U. Ueing, Zwei Lösungsmethoden für nichtkonvexe Programmierungsprobleme. IV, 92 Seiten. 4°. 1971. DM 16,–

Vol. 42: A.V. Balakrishnan, Introduction to Optimization Theory in a Hilbert Space. IV, 153 pages. 4°. 1971. DM 16,–

Vol. 43: J. A. Morales, Bayesian Full Information Structural Analysis. VI, 154 pages. 4°. 1971. DM 16,–

Vol. 44: G. Feichtinger, Stochastische Modelle demographischer Prozesse. XIII, 404 pages. 4°. 1971. DM 28,–

Vol. 45: K. Wendler, Hauptaustauschschritte (Principal Pivoting). II, 64 pages. 4°. 1971. DM 16,–

Vol. 46: C. Boucher, Leçons sur la théorie des automates mathématiques. VIII, 193 pages. 4°. 1971. DM 18,–

Vol. 47: H. A. Nour Eldin, Optimierung linearer Regelsysteme mit quadratischer Zielfunktion. VIII, 163 pages. 4°. 1971. DM 16,–

Vol. 48: M. Constam, Fortran für Anfänger. VI, 143 pages. 4°. 1971. DM 16,–

Vol. 49: Ch. Schneeweiß, Regelungstechnische stochastische Optimierungsverfahren. XI, 254 pages. 4°. 1971. DM 22,–

Vol. 50: Unternehmensforschung Heute – Übersichtsvorträge der Züricher Tagung von SVOR und DGU, September 1970. Herausgegeben von M. Beckmann. IV, 133 pages. 4°. 1971. DM 16,–

Vol. 51: Digitale Simulation. Herausgegeben von K. Bauknecht und W. Nef. IV, 207 pages. 4°. 1971. DM 18,–

Vol. 52: Invariant Imbedding. Proceedings of the Summer Workshop on Invariant Imbedding Held at the University of Southern California, June – August 1970. Edited by R. E. Bellman and E. D. Denman. IV, 148 pages. 4°. 1971. DM 16,–

Vol. 53: J. Rosenmüller, Kooperative Spiele und Märkte. IV, 152 pages. 4°. 1971. DM 16,–

Vol. 54: C. C. von Weizsäcker, Steady State Capital Theory. III, 102 pages. 4°. 1971. DM 16,–

Vol. 55: P. A. V. B. Swamy, Statistical Inference in Random Coefficient Regression Models. VIII, 209 pages. 4°. 1971. DM 20,–

Vol. 56: Mohamed A. El-Hodiri, Constrained Extrema. Introduction to the Differentiable Case with Economic Applications. III, 130 pages. 4°. 1971. DM 16,–

Vol. 57: E. Freund, Zeitvariable Mehrgrößensysteme. VII, 160 pages. 4°. 1971. DM 18,–

Vol. 58: P. B. Hagelschuer, Theorie der linearen Dekomposition. VII, 191 pages. 4°. 1971. DM 18,–